SCIENCE

岩波科学ライブラリー 198

ナメクジの言い分

足立則夫

岩波書店

まえがき

人間には、嫌いなものを目にすると、すぐに遠ざけようとする性癖がある。私はこれを嫌遠の法則と呼んでいる。この性癖が困るのは、見た瞬間に思考停止状態に陥り、対象の本質を理解しようとしなくなる点にある。

生物の中で嫌われものの代表格であるナメクジは、すでに平安時代に、清少納言から「いみじうきたなきもの　なめくぢ」(『枕草子』)と烙印を押されて遠ざけられていた。そのころより、ナメクジに対する考察が遅れてきた節がある。

一四年ほど前、ひょんなことからナメクジに関心を持ち始めて分かったのは、彼らが実に示唆に富んだ動物であることだった。

非常勤講師として通っている女子大では、年に一度、必ずナメクジと一緒にラップ、定規、糸などを持参し、学生に歩くスピードを計ってもらうことにしている。ラップの上をくねくねと這《は》う彼らの速度を測定するのには、ちょっとした知恵と工夫が必要だ。雌雄同体のナメクジは女子学生の前で緊張するのか、全く動かないときもある。歩いても分速五、六センチ。

学生には、まず歩くのが遅いという事実を頭に入れてもらう。次に簡単な生命史を解説する。「その昔、わが身を守る殻を捨ててカタツムリから独立し、恐竜などが絶滅した危機も乗り越え、生き延びてきた」。ここで学生に質問を投げかける。「なぜ、ナメクジは地球上で生き延びることができたのか?」。全員に答えてもらう。

正解は私にも分からない。「なぜ」と考えるくせをつけてもらおう、というのが授業の狙いなのだ。「歩くのが遅い→えさの量が少なくて済む→エネルギー節約型のライフスタイルが生き延びた原因」と学生たちの答えがたどってくれると、授業はまとめやすい。六回ばかり同じ授業を経験した。筋道通り進むこともあれば、思わぬ方向へ発展し、途中で時間切れになることもある。いずれにしてもナメクジは、学生に「なぜ」と考えるきっかけを提供してくれるばかりか、授業を九〇分間ももたせてくれるのである。

これは、ほんの一例だ。ナメクジは、こちらが関心を向けると、次々、疑問の球を投げ返してくれる謎多き動物なのだ。生物学者でもない素人の身には、謎を正しく解きほぐすのは容易なことではない。それでも、書斎で飼育しながら彼らを観察し、あれこれ推理していると気分の根っこがうきうきしてくる。

この本は、生物の研究書ではない。ナメクジについてあれこれ推理するエッセー、としてお読みいただければ幸いである。

目次

1　晩秋のナメクジ

季節外れによく出遭う

最近、ナメクジを見なくなった。

私がナメクジに関心を持っていることを知った友人たちがよく口にするせりふだ。そのたびに、私は言う。

「そんなことはない。関心を向けさえすれば、おのずと目に飛び込んでくるものなんだけどね」

朝や夕刻、東京郊外の自宅周辺を犬と一緒に散歩していても、ブロック塀や路上を這《は》う彼らをよく見かけるのだ。

我が家の狭い書斎には、私が散歩中に見つけたり、仲間が捕まえ届けてくれたりしたナメクジ専用の棚がある。デパートの食品売り場で総菜などが詰めてあるポリエチレン製の容器に、種類別、発見場所別に分けて飼育している。餌は主にキャベツを使っている。寿命は一年余り。その上、乾燥と暑さに弱いので、棚の住人たちはめまぐるしく入れ替わる。書斎という不自然な環境下ではあるけれど、多くは冬の間に産卵して孵化する。成体は春から初夏にかけ命を終える。

俳句では、ナメクジは夏の季語になっている。ぬめぬめした感じが梅雨のイメージと重なるからなのだろう。しかし、これまでの私の体験では、秋、それも深まった季節によく見かける。二〇一一年二月の時点でも、私のナメクジの棚には容器は九つあった。発見の時期はいずれも前の年で、月別に見ると、やはり晩秋にあたる一一月が三つで最も多い。後は九月と一二月がそれぞれ二つ、八月と一〇月が一つといった順だ。事例としては、余りに少ないけれど、ナメクジは秋の季語にした方がいいのではないだろうか。

ナメクジは夜行性。庭やベランダでは、昼間は植木鉢の下など薄暗い所で仲間と一緒に体を寄せ合ってじっと休息し、夜になると食料である植物の葉などを求めて徘徊する。特に晩秋は、重要な季節だ。食料をたっぷり食べて体力をつける。女性器も男性器も併せ持つ雌雄同体にもかかわらず、一般的には他のナメクジと交配して、冬の産卵に備える必要があるからである。

私は現在、六四歳。二〇一一年一〇月末に新聞社を退職し、フリーのジャーナリストとして雑誌の連載コラムなどに原稿を書いている。四一年間の記者人生の後、惰性で生きているようなところがあり、これから先の人生について考えると、不安と期待がないまぜになった複雑な気分になる。

妙に晩秋のナメクジに引かれるのは、自分の身をついつい彼らに重ねてしまうからなのだろうか。寿命が一年余の彼らも一生の第四コーナーにさしかかろうとしている。ところが、すべてを達観したかのように悠然と歩く。そればかりではない。自らの身を守る鎧のような殻をとっくの昔に脱ぎ捨て、自在に振る舞う。一生のゴールが近づいているのにもかかわらず、これからまだ子孫作りという生涯最大のイベントにも挑もうともする。実にたくましいのだ。

悠然と振る舞う姿勢とたくましさ。それこそが晩秋のナメクジが身をもって示す魅力だと、私には感じられるのだ。

きっかけは娘のマニキュア

それは一九九八年の梅雨時のことになる。大学生だった娘二人が深夜、我が家の二階の居間で手や足の爪にマニキュアを塗っていた。私はマニキュアが生理的に嫌いだ。といって、成人した人間に「マニキュアをするな」と口に出すほどのパワーもない。冷やかな視線を送りつつも、その日は寝てしまった。翌朝、居間のカーペットに銀の筋がこびりついているのを見つけた。チャンス到来とばかりに、娘たちに注意した。「こんなところにマニキュアがくっついてるぞ」。この一言に、妻も加わった女性三人の反撃はすさまじかった。まるで事件の現場に出動した警察の鑑識課員のように、銀の筋がベランダからつながっているのを指先で示しながら言う。「冤罪もいいところ。これはナメクジの歩いた跡よ」。現場検証の結果、私の初動捜査のミスであることがあっさり証明されてしまったのだ。家庭内での私の立場は、ますます低下した。

私はそのころ、週に一回、新聞の夕刊にコラムを書いていた。我が家のナメクジ事件と、最新のナメクジ事情を盛り込めば、一本コラムが成立する。転んでもただでは起きない記者魂を発揮して、すぐに軟体動物の権威といわれる大学教授を訪ね、ナメクジの世界でも在来種が外来種に駆逐されているという話題を入手した。そのコラムでは「ナメクジが我が家に波風を立てている」と書き始め、「ナメクジの事情を考えると「何も目くじらを立てなくても」とも思う」と結んだ。

エスカルゴも同じ仲間

なぜか、そのとき以来、ナメクジが気になる存在になってしまったのである。一体、彼らは、動物の世界で、どんな位置にいるのか？　カタツムリとはどんな関係にあるのか？　我が家のベランダで見かけるのや、犬の散歩中に出合うのは、どんな種類なのか？　そんな疑問に沿って、彼らの素顔に一歩一歩近づいてみることにしたのだった。

動物界、軟体動物門、腹足綱、有肺亜綱、柄眼目。

北海道大学名誉教授、内田亨という学者の書いた『増補　動物系統分類の基礎』（一九六五年、北隆館）によれば、ナメクジはそんな風に分類される。軟体動物だから、アサリなどの貝殻で身を守る貝類や、イカ、タコのような脚が何本もある無脊椎動物が同じ仲間に属する。腹足綱という範囲にしぼると、内臓を足の筋肉で覆うような形をしたアワビやサザエ、ウミウシが同じ種類として顔をそろえる。有肺亜綱《ゆうはいあこう》とは、腹足綱の中で水中から陸に上がり、鰓《えら》でなく、外套膜が変化した肺で呼吸をする仲間のことである。これにはサカマキガイやイソアワモチ、それに沖縄などに生息し、形がナメクジに似ているアシヒダナメクジも属する。

柄眼目《へいがんもく》。文字通り長細い柄のような触角の先に眼をつけたキセルガイや、アフリカマイマイ、ミスジマイマイ、エスカルゴ、そして各種のナメクジがここに属するのである。大ざっぱにいえば、カタツムリと、各種カタツムリから殻を捨て去って独立したナメクジたちが柄眼目を構成しているのだ。エスカルゴもカタツムリも同じ仲間と思えば、ナメクジにもなんとなく親近感がわいてくる。

八〇年代に忽然と消えたキイロ

次に疑問が頭をもたげたのは、外国から日本に入り込み、縄張りを広げる外来種ナメクジの突然の交代劇を知ったときだ。なぜ、入れ替わったのか？

全国の大都市周辺の住宅街や農村部には、従来、和名でナメクジと呼ばれる種類が古くから生息している。灰褐色で体長が七、八センチメートル前後、頭部に甲羅のない種類だ。背中に筋があるのでフタスジナメクジという通称で呼ばれることもある。和名の「ナメクジ」だと他のナメクジと区別がしにくいので、本書では便宜上この種類をフタスジナメクジと表記する。江戸時代、日本列島の集落の周辺でナメクジと言えば、このフタスジを指していたのだ（図1）。

明治時代になって、ヨーロッパから急激な勢いで人、物、文化が流入する。一緒にやってきたのが地中海原産のキイロナメクジだ。黄色くて、体長はフタスジとほぼ同じ。頭部から背中にかけて甲羅がついているコウラナメクジの仲間だ。人や物が流入する港が、キイロナメクジの侵入の起点になった。横浜や神戸から同心円状に生息域を広げていったとみられる。

日本貝類学会が編集する『ヴヰナス』第一七巻（一九五二年）に、キイロについての文章が載っている。筆者は、貿易商の店員から学者に転じ、日本貝類学会を創立した黒田徳米《とくべい》だ。

図1 フタスジナメクジ(上)とキイロナメクジ(下)
(イラスト：南伸坊)

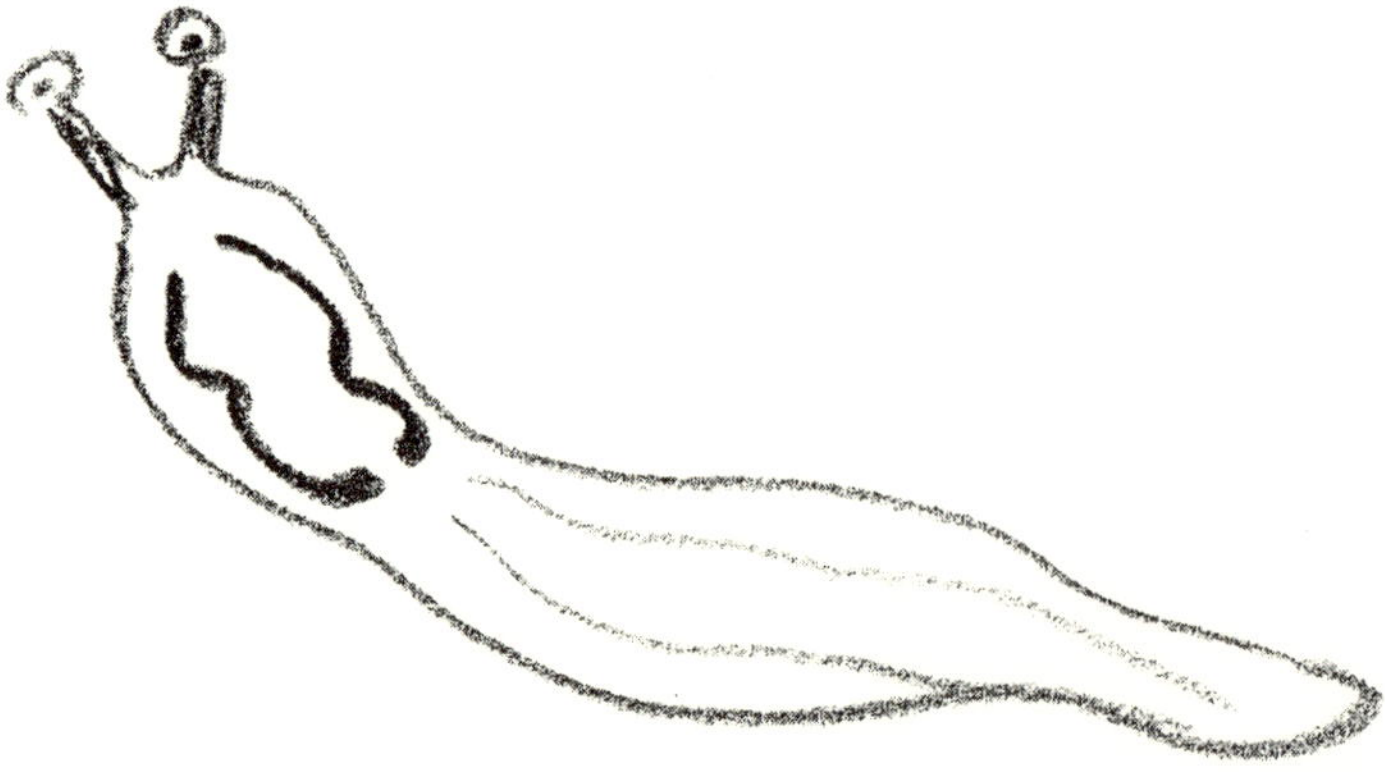

図2　チャコウラナメクジ
（イラスト：南伸坊）

「一九二〇年より前に神戸にいたと伝え聞いた。これが東京や奈良へ。三六年には京都市内の知人の住宅厨房に出現。五二年には京都の自宅庭で発見。約五キロ攻略するのに一五年を費やしたことになる」とキイロの消息に触れている。単純に計算すれば、一年にざっと三〇〇メートルほど縄張りを広げていたことになる。

キイロはフタスジに比べると、乾燥に強い。森や丘陵を開発した住宅地のようなところに入り込んで全国に生息域を広げた。比較的じめじめとしたところにフタスジ、乾燥したところにキイロと、棲み分けていたようだ。明治維新から一〇〇年余り、日本列島を占拠したかに見えたキイロが突如として撤退し始める。東京大学大学院理学系研究科生物科学専攻の准教授、狩野《かのう》泰則さんによれば、一九八二年一一月に四国の香川県観音寺《かんおんじ》市大野原町の矢野重文さんが捕獲したのを最後に、キイロは目撃されていない。

代わって勢力を伸ばしたのがキイロと同じコウラナメクジの仲間であるチャコウラナメクジ(図2)。これもヨーロッパのナメクジで、原産地はイベリア半島だ。体は茶褐色。頭部から背中にかけ甲羅が載っている。体長五、六センチ。フタスジやキイロに比べると、小柄な分、行動が素早い。チャコウラは、南極や北極をのぞく地球上のあらゆるところに進出を果たしているといわれる。日本に入ってきたのは太平洋戦争後で、米軍基地の米兵の家族や植木などとともに入り込み、全国の米軍基地から周辺へと急速に生息域を広げた模様だ。

チャコウラも乾燥に強く、現在はキイロの生息域に代わってすんでいる格好だ。なぜ、キイロが消え、チャコウラがとって代わったのか。はっきりした原因は分からない。壮絶な縄張り争いがあったのか、キイロに感染症が広がったのか、それともキイロが高温湿潤化する日本の気候に不適応を起こしたのか。この分野の研究者は少なく、科学的な解明はされていないのが現状なのだ。

目撃情報からナメクジマップ

こうしたナメクジの謎が次々、目の前に現れる。自分なりに少しでも解明できないか、と考えるようになる。そこで個人的に立ち上げたのがナメコロジー研究会だ。当初、マニキュアの一件もあったので、家族にも声をかけられない。会とは名ばかり。たった一人で活動を始めた。ナメクジの生息分布図作りと、文学作品の中のナメクジ探し。素人でもできることからナメクジの世界に近づき、謎解きの糸口をつかもうという作戦を立てたのである。分布図は犬の散歩中や、旅先で探しては捕獲したり、撮影したりして地図を埋めていった。文学作品も不確かな記憶に基づき、雲をつかむような追跡作業を始めたのだった。

たった一人の孤独な作業からは、なかなか目に見えた成果は得られなかった。そこで研究会旗揚げ後、四年たったところで、ひそかにやっていた活動を、友人、知人の前で公にし、趣意書と目撃情報記入書(図3)を配布して協力をお願いしたのだった。目撃情報記入書は、いつ、どこで、だれが、どんなナメクジを見たかを書きこむA4判の用紙だ。これによりフタスジとチャコウラの分布をつかむことを狙ったのだ。

消費生活コンサルタント養成講座や消費生活相談員の養成講座の「論文の書き方」や、各地の経済人などで組織する日経懇話会での「遅咲きのすすめ」といった全く関係のない講演でも、レジュメの下に目撃情報の用紙を潜ませて配り、協力を呼びかけた。受講者が五〇人いたとすると、一人か二人、つまり二〜四%が後で目撃情報を寄せてくれた。取材で知り合った俳人の坪内稔典さんのように、自分の俳句のカルチャー教室で目撃情報の用紙をわざわざ配ってくれる人もいた。

ナメクジが登場する文学作品もいろいろな人から情報提供をしてもらった。ことにわが母校である東京都の西のはずれにある青梅市立第三中学校時代の担任で、中里介山《なかざとかいざん》の研究者である遠藤誠治先生は『枕草子』の一文や、芭蕉の弟子である内藤丈草《じょうそう》の漢詩などを発見するたびに、はがきや手紙で教えてくれた。清少納言は『枕草子』に「いみじうきたなきものなめくぢ」と書いた。内藤丈草の漢詩には「化做蛞蝓得自由(ナメクジになり自由を得た)」と綴られていた。

研究会の活動を通じて痛感したのは、知人、友人のネットワーク(絆)の力が、私一人の力量に比べていかに強く、厚みや広がりがあるかであった。

北海道は宝庫

文学作品は5章で紹介するとして、ここでは目撃情報をもとに作ったナメクジマップの概要を報告しよう。

まず国内は北海道から(図4)。

寒冷地帯にはナメクジは住みにくい。そんな印象を持ちがちだが、そんなことはない。フタスジやチャコウラだけでなく、ノハラや新種のベージュイロコウラというチャコウラより

ナメコロジー研究会　足立則夫
[redacted]
（〒[redacted]-[redacted]）
fax [redacted]-[redacted]-[redacted]
e-mail [redacted]@[redacted].[redacted].[redacted]

支部長
様

謎だらけの軟体動物であるナメクジの研究をする当会も、発足して 14 年を迎えようとしています。

活動もナメクジ同様ゆっくりしたもので、何の成果もあげておりません。これはひとえに、成果をあげても何の役にも立たない、研究対象が気持ち悪い、正会員が主宰者一人しかいない、などの単純な事情によるものです。

研究会は発足当初、謎解きと分布図作りの壮大な課題を掲げました。

① 3 億年ほど前、海にすんでいた軟体動物が上陸。2 億年ほど前、「カタツムリ」から独立し、住まいである貝作りを放棄したのはなぜか？
② 見るからに無防備な体のこの動物が生き残ったのは、なぜか？
③ 明治期に上陸した欧州・地中海産（キイロ）が 1970 年代、戦後上陸した米国経由の欧州・イベリア半島産（チャコウラ）に駆逐されたのはなぜか？
④ 国産のフタスジと米国産チャコウラの境界は、現在、どこにあるのか。国内の分布図を完成する
⑤ 温暖化は世界のナメクジの分布にどんな影響を与えているのか。世界の分布図を完成する

などです。

謎解きも、分布図作りも、このままでは、中途半端のまま終わりそうです。5 周年を期して活動を公開し、④⑤の分布図作りだけでも目鼻をつけようと決意を新たにしました。そこで人様の迷惑をもかえりみず、友人知人の皆様に各地の支部長になっていただき目撃情報を寄せていただく作戦を実施しております。

ナメクジを見かけたら、塩をかけたり、ひねりつぶしたりせずに、温かく見守る。上下 4 本の触覚が伸びリラックスしたところを、頭部に注目し、別紙の目撃情報に記入してＦＡＸで(写真はメールで)お送りいただければ幸いです。茶色で、頭部から背中にかけ透明な甲羅がマント状に載っているのがチャコウラ。灰褐色で甲羅のないのがフタスジです。貧乏な研究会のため謝礼は出せません。分布図に目撃者の氏名を記録し、完成した折には分布図を郵送します。

よろしくお願いいたします。

2012 年　　月　　日

図 3　趣意書と目撃情報記入書

ナメクジ　目撃情報

送付先　fax　[redacted]
eメール　[redacted]
住所　[redacted]
（〒[redacted]）　足立則夫

日時　　年　月　日　時

場所　住所（　）
環境（庭、ベランダ、路上、森　＜その他　＞）
詳細（鉢の下、草花の葉、壁面、床＜その他　＞）

ナメクジの特色
頭部の甲羅（有　無）　種類（チャコウラ、フタスジ）
体の色（　）
数（　）
体長（　cm）
その他情報（　）

＜参考＞

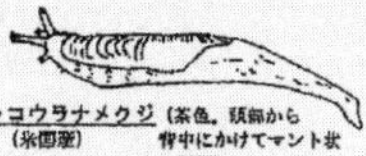

チャコウラナメクジ（米国産）（茶色。頭部から背中にかけてマント状の甲羅）

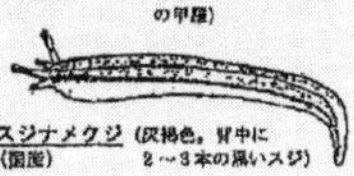

フタスジナメクジ（国産）（灰褐色。背中に2〜3本の黒いスジ）

目撃者　住所（〒　）
氏名（　）
TEL（　）
FAX（　）
eメール（　）

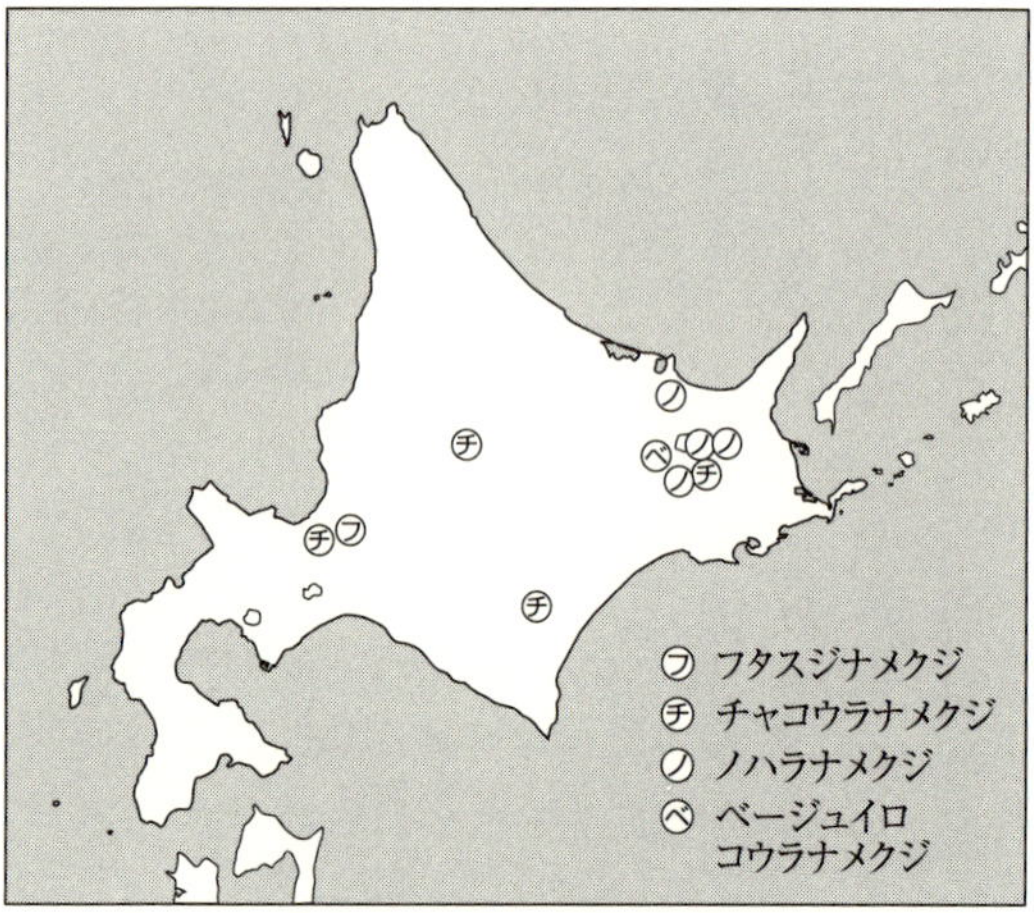

図4　北海道の目撃情報分布図

も一回り小さな仲間もいる。ノハラは、草原などにすむ。体長は二〜三センチと小さく細長い。体は濃い紫色で黒い網目が入っている。ユーラシア大陸からの外来種とみられる。

ベージュイロコウラは、二〇〇六年九月に現物が宅配便で届いた。送り主は、阿寒湖畔でアイヌ民芸品店「熊の家」を営む藤戸茂子さん。彼女の知り合いのG・Yさんが森のキャンプ場のキノコの裏側にいるのを捕獲した。当時、宮崎大学農学部助手だった狩野泰則さん(現在東京大学大気海洋研究所准教授)に、種類を同定してもらった。日本貝類学会研究連絡誌『ちりぼたん』Vol. 36(二〇〇五年第一号)に「日本初記録」として報告された種類で、ノハラと同じ仲間に分類される。原産地はスウェーデン。現在、中部ヨーロッパ、グレートブリテン島、アイスランド、スカンジナビア半島、バルカン半島、中央アジア、ロシア(サハリン、千島列島を含む)など主に亜寒帯に分布している。ひところ、国後島《くなしり》などとの文化交流が深まったころに入り込んだのだろうか。

北海道ではチャコウラも生息域を広げている模様で、フタスジに比べ外来種の勢いが活発だ。ここの外来種、ノハラ、ベージュイロコウラ、チャコウラからは、ロシア、および在日米軍経由の侵入経路が浮かび上がる。在日米軍経由説については、東京の項目で詳しく述べる。

東北にもチャコウラは進出

東北地方から届いた最初の目撃情報は、青森県の日本海側にある十三《じゅうさん》湖周辺からだった（図5）。二〇〇三年八月のことである。まだ日本全体の分布の様子が分からない段階だったので、チャコウラの現物を手渡されて驚いた。まさかここまでチャコウラが進出しているとは想像していなかったからだ。この最初の情報は当時、十三湖の湖畔にあったTしじみ販売という小さな水産加工会社を訪ねた折、女性社員が、母親の捕まえたナメクジをガラス瓶に入れて届けてくれたのだ。女性経営者が以前からシジミと同じ軟体動物であるナメクジにも理解を示し、社員に目撃情報の用紙を配ってくれていた。以後、他の女性社員からも目撃情報が寄せられた。いずれもチャコウラだった。

同じ青森県でも太平洋側の八戸《はちのへ》市にある電子部品メーカーA電気では、広報担当の幹部が

図5　東北地方の目撃情報分布図

社内報でわが研究会のことを紹介してくれた。早速、二〇〇六年には広報課や秘書室の女性社員から五戸《ごのへ》町、三戸《さんのへ》町周辺の目撃情報が届いた。五戸では同じ住宅の敷地内でフタスジとチャコウラが見つかった。この地区でチャコウラが勢力を拡大しつつあるということなのだろう。

岩手県の南部沿岸、陸前高田《りくぜんたかた》市では、私がチャコウラとヤマナメクジを目撃した。二〇一一年の夏から秋にかけ、計四五日間滞在し、津波にのまれた村、両替集落の人々の復興の様子を取材し、連載記事を新聞に書いた。その際、泊めてもらった広田半島の突端の民宿志田では、風呂場の外側でチャコウラを、歩き回った両替集落の高台にある正徳《しょうとく》寺の近くの路上でヤマナメクジを目撃した。ヤマナメクジは在来種で、山間部に生息する。体長は一五センチほどと大きく、幅が広く、ガッチリタイプ。色は茶褐色だ。

福島県石川郡浅川町の田園地帯でもチャコウラが目撃された。今回の東日本大震災で津波と原子力発電所事故の複合被害を受けた福島県南相馬市からもフタスジの目撃情報が寄せられていた。情報を寄せてくれたS・Eさんは、消費生活相談員の養成講座を受講された方で、震災後、何度か電話したが、ずっと留守電のままの状態がつづいている。無事に避難していることを祈っている。ナメクジが今回の津波と原発事故により、どんな被害を受け、周辺の生態系がどんな影響を受けたかも気になるところだ。

東北では、山間部はヤマナメクジがしっかり生息域を維持している。平地はチャコウラが優勢な感じだ。太平洋戦争後、米国経由で上陸したと見られるこの外来種が青森県の北東部にも定着していることからすると、在日米軍の三沢基地がその侵入口になっている確率が高い。

新しい外来種が侵入しつつある関東地方

東京都と神奈川県を除く関東地方(図6)でのホットニュースは、外来種の新顔、マダラコウラナメクジ(図7)の上陸だ。二〇〇六年の八月、茨城県土浦市内の小学校の女性教諭M・Yさんが自宅の庭で見慣れないナメクジの写真を撮影して、国立科学博物館動物研究部研究主幹、長谷川和範さんに届けた。翌年、M・Yさんはこれを捕獲して現物を長谷川さんに渡した。その後も大学生が同じ種類のナメクジを、M・Yさん宅から四キロメートル離れた住宅地で捕獲しており、生息域を広げている様相なのである。

長谷川さんらが調べたところ、大型のコウラナメクジ科の一種で、ヨーロッパの西部から南部を原産地とする。全長一五センチ、乳白色で背中に灰褐色のヒョウ柄模様がある。侵入

図6　関東地方の目撃情報分布図

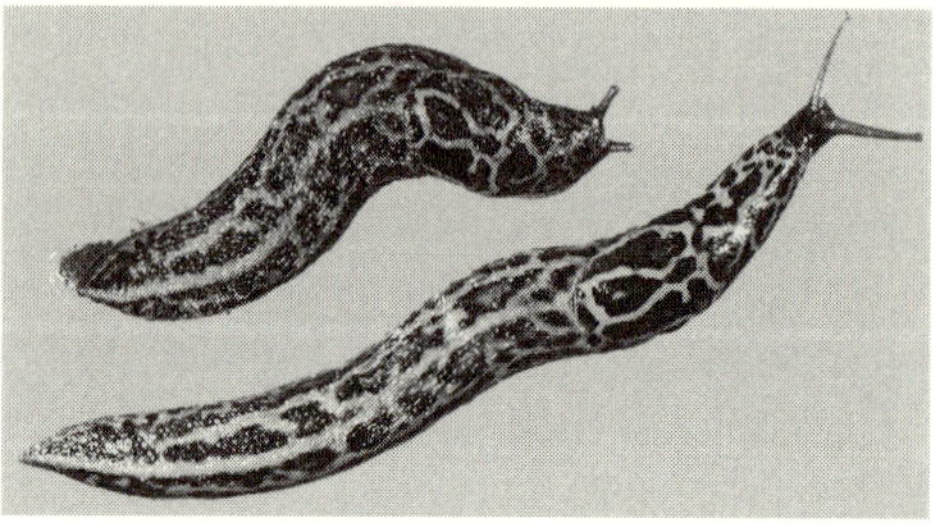

図7　マダラコウラナメクジ
（撮影：長谷川和範）

経路はどこなのか。地元に大型の園芸店があり、そこで販売する輸入草花に付着した卵か成体が入り込んだと推定されている。

フタスジとチャコウラがせめぎ合うところに、マダラが今後、どのように入り込むのか。土浦周辺では十分な警戒が必要だ。

皇居も小笠原もわが故郷青梅もチャコウラに占拠された東京

東京のヘソの部分に当たる皇居。ここがチャコウラに占拠されたことは、国立科学博物館が一九九六年から二〇〇〇年にかけて実施した吹上《ふきあげ》御苑と道灌《どうかん》濠周辺の生物相調査で明らかになっている。

同じ東京でも南へ一〇〇〇キロメートル離れた小笠原村の父島と母島でも、狩野泰則さんが一九九五年にチャコウラを捕獲し、標本を研究室に保管している。小笠原は終戦後の一九四六年から一九六八年まで、米軍が統治していた。その間に米軍兵士の家族が持ち込んだトカゲの一種、グリーンアノール（原産地米国南部、通称アメリカカメレオン）が繁殖し、小笠原固有の生物を駆逐している。同じようにチャコウラも米軍とともに島に侵入してきたのであろう。

皇居から西へ四五キロメートルほど行った青梅市新町は、私の生まれ故郷だ。幼い時に目

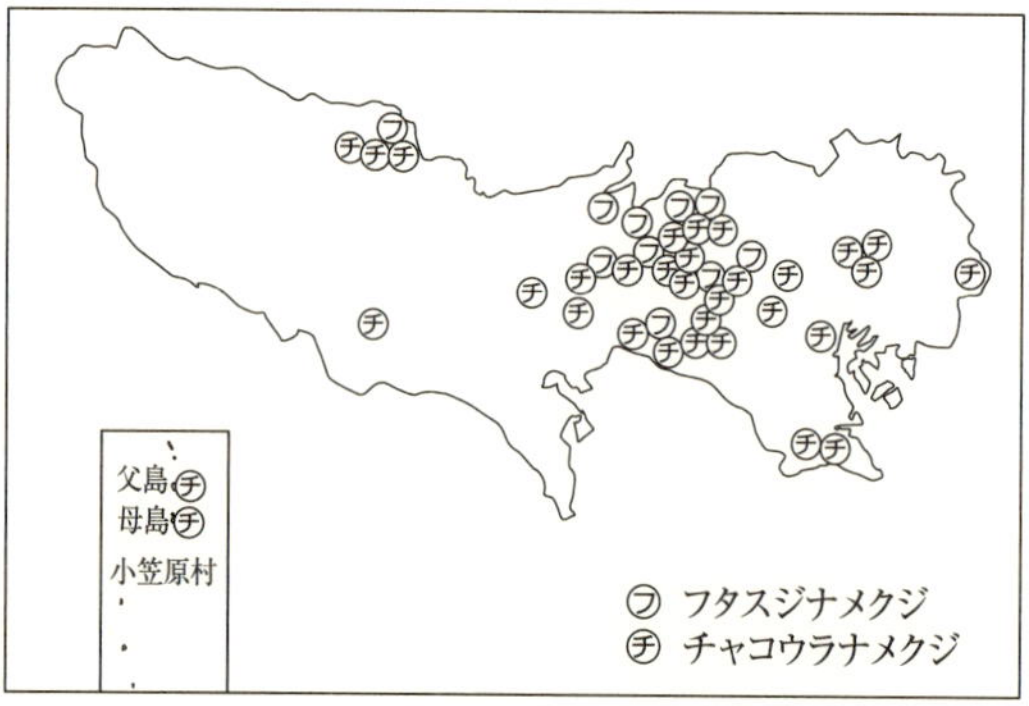

図8　東京都の目撃情報分布図

にしたのは灰褐色のフタスジだった。しかし、である。新町に住む税理士のH・Tさんの目撃情報によれば、周辺はチャコウラの天下になっていた。新町という町名は、森を開拓した新田であったことを示す。森が畑に、さらに宅地に変貌。

五キロメートルばかり東に行ったところに米軍横田基地がある。チャコウラは基地周辺からじわじわと生息域を広げたようだ。在日米軍の基地などの施設は現在、三二都道府県に所在し、軍人や文官などの関係者は、家族を含めるとざっと九万人が日本国内に住んでいる。全国の米軍施設周辺で、同じようにチャコウラが生息域を広げてきたと、私は見ている。

皇居と新町のほぼ中間にある新興団地街の練馬区光が丘。ここでは地元の中学校校長S・Aさんと、小学四年（当時）のY・M君が二〇〇六年六月、団地周辺を面でとらえた観察マップと大量の写真をメールで送ってくれた。ここも目撃されたのはすべてチャコウラだった。

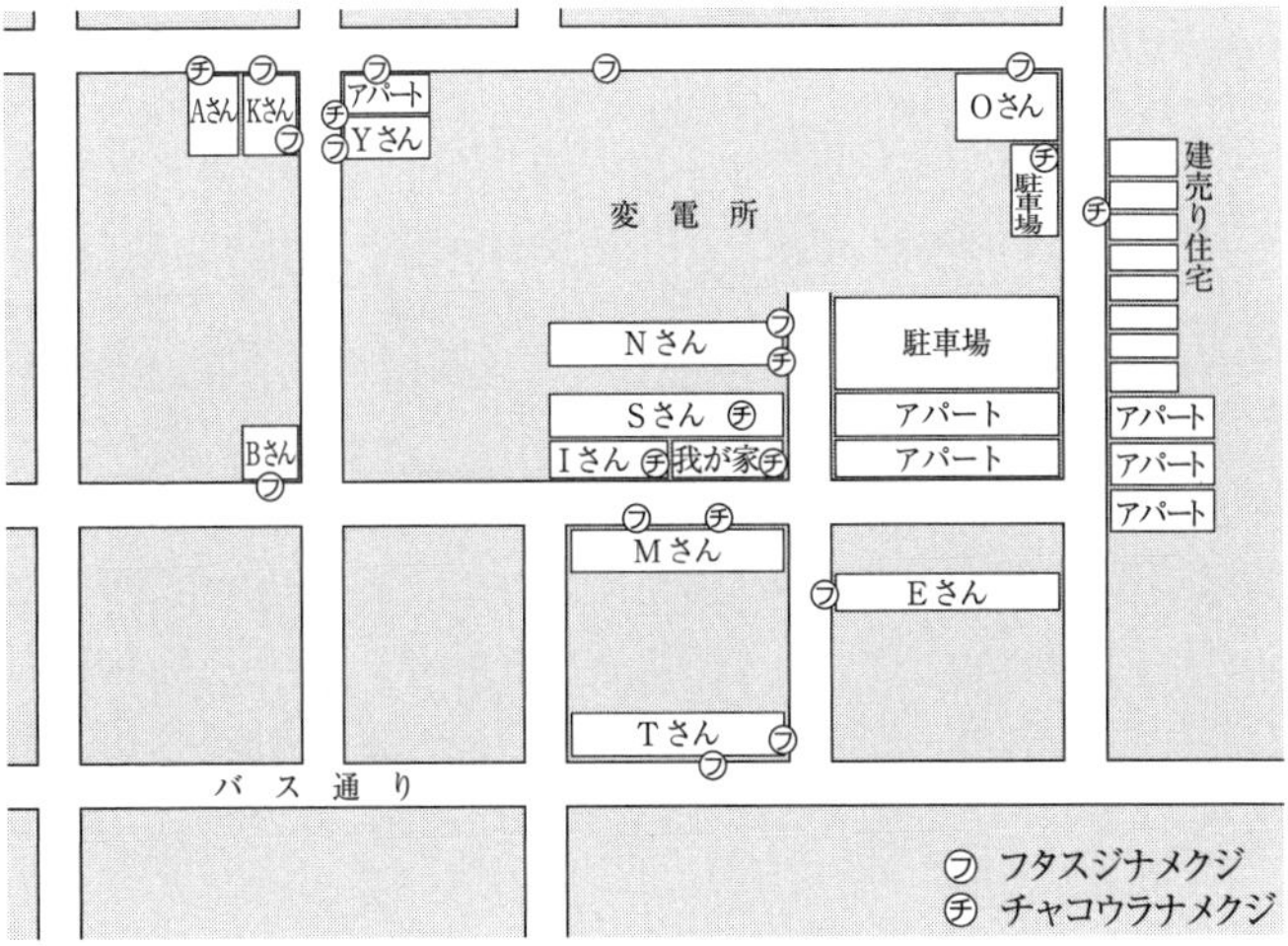

図9　我が家周辺の目撃情報分布図

ではフタスジが東京から姿を消してしまったのかというと、そうでもない。大学時代の同じゼミの学友、T・M君が送ってくれたメールには、杉並区阿佐谷《あさがや》の自宅にいるフタスジの写真が添付されていた。早速、実地検分したところ、T家は代々この土地に住む地主で、玄関のアプローチの脇にある梅の古木の隙間にフタスジの巣があった。

　私が犬の散歩で歩くM市の自宅周辺でもフタスジをよく見かける。二〇〇三年九月二〇日午前九時には、Kさん宅脇の路上をフタスジ四匹が歩いていた。生垣で囲まれた敷地内は何年も放置されたままの植木が繁茂している。未明まで雨が降った二〇〇八年七月四日の午前八時、Tさん宅南側の

図 10　神奈川県の目撃情報分布図

ブロック塀に無数のフタスジが張り付いていた。敷地内には樹木が鬱蒼と茂っている。近所の目撃マップ（図9）に示したように、樹木が鬱蒼と茂った区画にはフタスジ、比較的日当たりのいい区画にはチャコウラが、それぞれ棲み分けをしているようなのだ。

神奈川県も米軍施設周辺は チャコウラの天下

目撃情報を寄せてくれた人の中で最高齢者は、国文学者の尾形仂《つとむ》さんだ。神奈川県川崎市麻生《あさお》区の自宅には、江戸時代の俳人、蕪村《ぶそん》と、『江戸時代語辞典』（二〇〇八年、角川学芸出版）の取材で二度ばかり訪ねた。庭の池にはコイがおり、フタスジが生息しそうな環境だった。ナメクジの話を切り出すと、妻の雅子さんとともに興味を示し、二〇〇四年と二〇〇六年に「フタスジ目撃」の情報をファックスで送ってくれた。しかし、雅子さんは二〇〇六年一二月ガンで亡くなった。七九歳。仂さんも二〇〇九年三月、多臓器不全で死亡した。八九歳だった。

二〇〇六年の情報提供時は八六歳だったことになる。

神奈川県全体を俯瞰する(図10)と、東部の内陸部で緑の多い住宅地ではフタスジがしっかり縄張りを守っている。一方、横須賀海軍施設や池子住宅地区、厚木海軍飛行場、キャンプ座間などの米軍施設がある、東部の海岸線や内陸部にはチャコウラが進出している。

尾形さんのほかにも、二、三年おきに情報を寄せてくれた人が三人いた。横浜市緑区長津田町のT・Yさん宅、横浜市戸塚区南舞岡のM・Yさん宅ではフタスジ、横浜市緑区霧が丘のT・Tさん宅ではチャコウラが二度とも目撃された。チャコウラの侵入時期から六〇年ほどが経過したためか、双方のせめぎ合いは収束し安定期に入ったような様相を呈している。

宙に浮くナメクジも、拝まれるナメクジもいる中部地方

ここでは信越・北陸・東海を一つにまとめ、中部地方として報告する(図11)。

「八五歳になる田舎の父が、木にぶら下がるナメクジの写真を撮影した」。銀行に勤務するS・Tさんから電話で連絡があり、後日、写真と父親S・Nさんのメモが届いた。二〇〇二年のことだ。新潟県岩船郡山北町《さんぽく》(現在は村上市)のS・Nさん宅の庭にはサザンカの木があり、枝からナメクジが粘液を命綱にしてぶら下がる光景がよく目撃されたそうだ。庭で栽培している山野草が毎年、ナメクジの餌食になることから、ナメクジの生態を観察するように

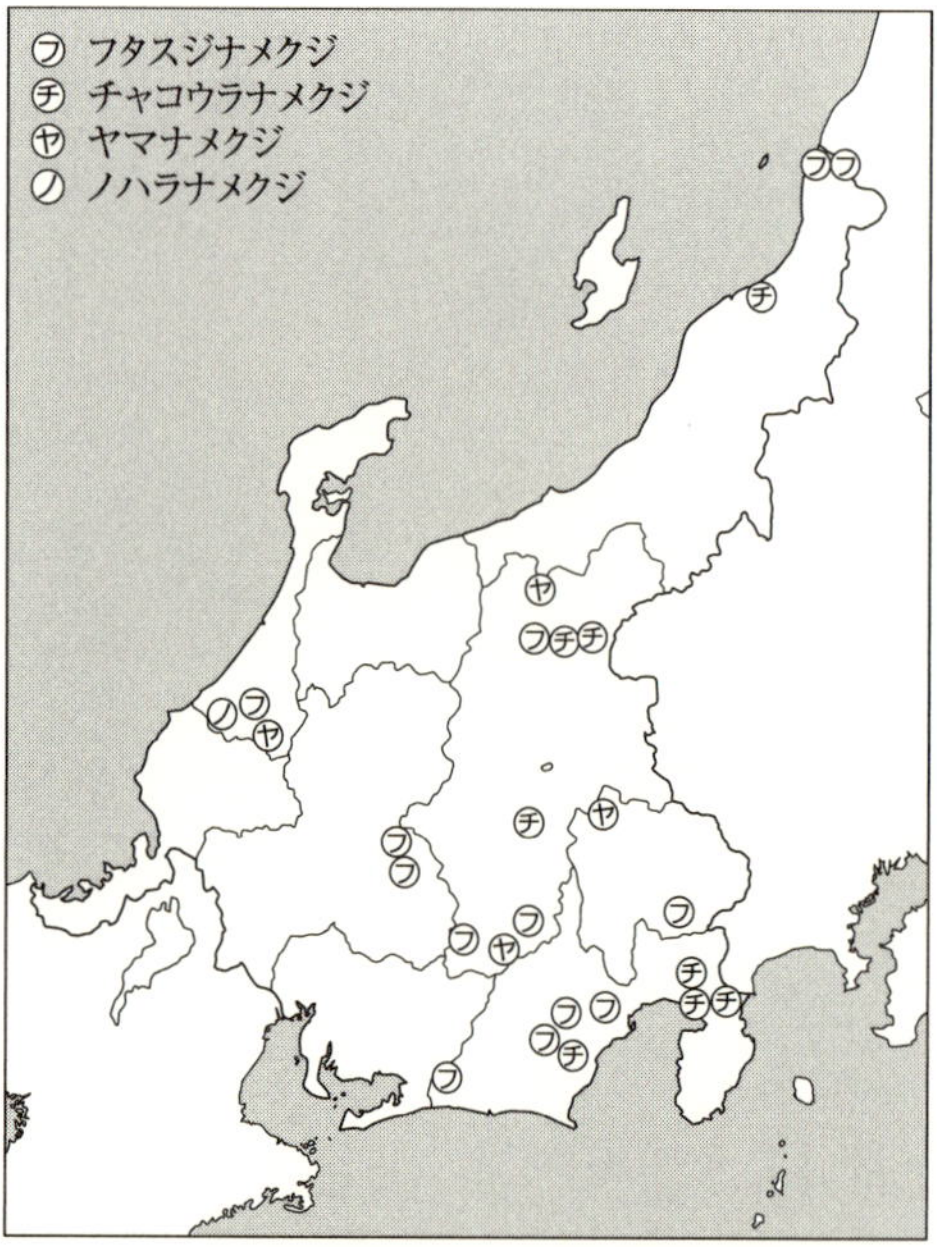

図 11　中部地方の目撃情報分布図

なったという。このナメクジがどんな種類なのかが気になり、郵送してもらった。密閉したケースに詰められていたため、着いた時には腐乱しており、種類を特定できなかった。ぶら下がるナメクジの種類は、宙に浮いたまま四年が経過した。どうにも気になり再びSさん宅に連絡したところ、妻のS・Kさんから夫の死を告げられた。後日S・Kさんから「私は虫が嫌いだけれど」という手紙と一緒に目撃情報が届いた。フタスジだった。彼らは環境によっては、粘液を糸にして垂直に移動することもあるのだろう。

5章で詳しく触れるなめくじ祭りの舞台になる岐阜県中津川市加子母《かしも》の大杉地蔵尊。毎年、旧暦の七月九日に当たる日、住民は境内にある文覚上人《もんがくしょうにん》の墓に出現するナメクジに参拝する。

フタスジだ。祭の日に現れる数が年々、減少している。一九八一年には一三二匹も姿を見せたのに、二〇〇一年以降、ひとけたになり、二〇一二年八月二六日の祭礼では一〇匹だった。周囲の桑の木を切ったり、砂利を敷き詰めたりして整備した結果、乾燥し、フタスジの棲みづらい環境にしてしまったのが原因のようだ。祭の主役がチャコウラに取って代わられないことを祈るばかりだ。

静岡県磐田市富丘《とみがおか》の静岡県農業試験場（現静岡県農林技術研究所）では、温室周辺の乾いた場所にはチャコウラ、農耕地にはフタスジがすんでいる。そうメールで連絡してきたのは、同試験場に勤務し『身近な雑草のゆかいな生き方』（二〇〇三年、草思社）の著者である植物研究者の稲垣栄洋さんで「棲み分けがあるのかもしれません」とみる。

石川県小松市に住む山岳ガイド、N・Mさんが白山で、横浜市在住のイラストレーター、H・Eさんが八ヶ岳の南麓で、それぞれヤマナメクジを目撃している。中部山岳地帯ではヤマナメクジが平穏に暮らしているようだ。中部地方でも、平地ではフタスジとチャコウラが棲み分け、山岳地帯ではヤマナメクジが外来種に脅かされることなく安定した生息域を守っているようだ。

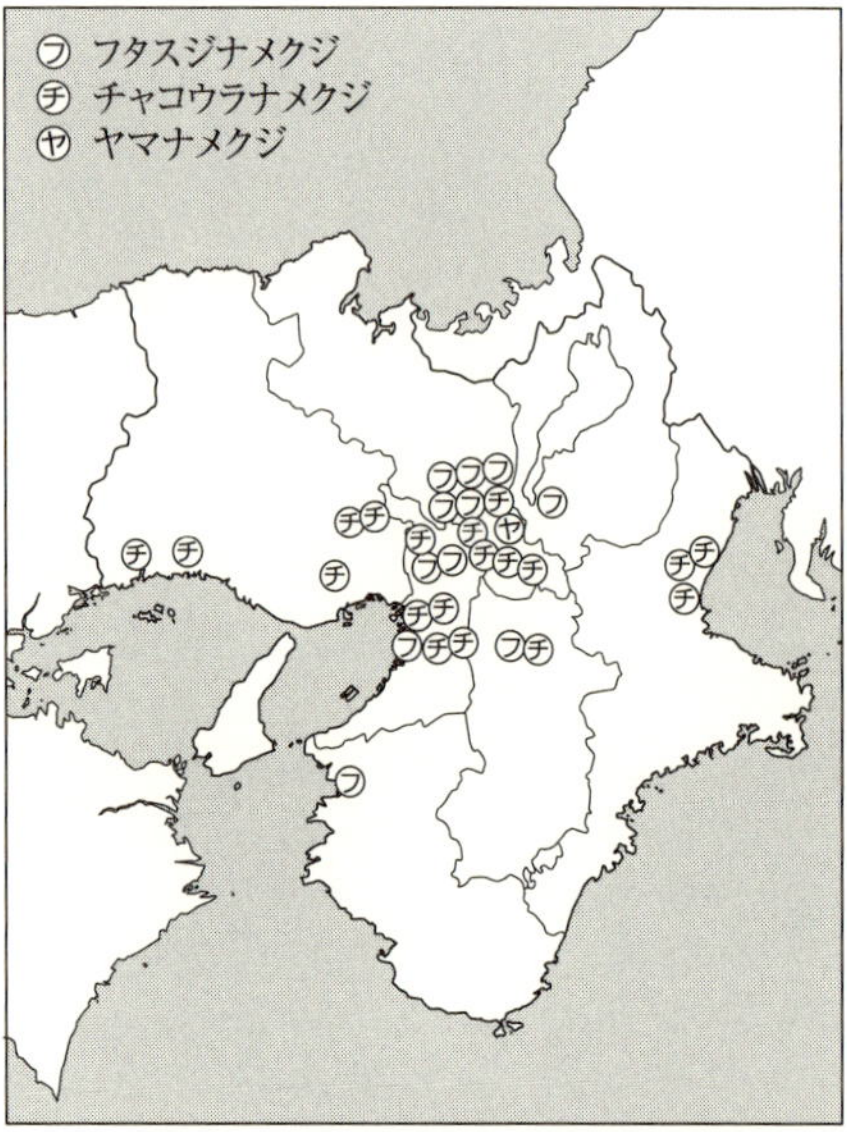

図12　近畿地方の目撃情報分布図

近畿の海岸線は チャコウラの天下

近畿地方には、熱心なナメコロジストが多い(図12)。

京都市郊外、岩倉長谷町の住宅街には二人。一人はモグラの研究者、相良《さがら》直彦さん。モグラと、その巣に生えるキノコであるモグラノセッチンタケ、それにブナなどの樹木の三者が共生関係にあることを明らかにした人だ。自宅の庭の菜園にはフタスジ、玄関内の壁面にはチャコウラがいるのを目撃している。

もう一人は現代社会の病理に斬りこむ精神科医の野田正彰さん。深夜、妻とともに庭で栽培する草花を食べるナメクジ退治に懸命になっているうちに、出没時間などに精通するようになった。野田家にはフタスジがすむ。

大阪府内は、箕面《みのお》市の植田秀雄さんと、東大阪市の福西裕さん。植田さんは屁の研究をするへコロジストでもあり、オナラ探知器の開発をした人だ。漏らした犯人を探すというような陰険な道具ではない。消化器の手術後、オナラの有無を口に出せない人のためにつくったのだが、なかなか普及していない。その自宅にはチャコウラがすむ。福西さんは中小企業の経営者で、大学でも仕事の体験を基に講義している。工場が密集する東大阪にもチャコウラがすむ。二人とも京都や奈良などの出先で見つけては、写真や目撃情報の用紙を直ちに送ってくれた。

奈良県天理市に住むシュヴァイツァーの思想研究者、金子昭さんは自宅近くのゴミ集積場で濡れた新聞紙の包みを開いてチャコウラを探し出してくれた。

近畿全体を見渡すと、どうやら伊勢湾、大阪湾、播磨灘に面した海岸線は、チャコウラにほぼ占拠された感じだ。内陸部の古都、京都と奈良は、フタスジとチャコウラの攻防が続いている。古都のせめぎ合いから、当分は目が離せない。

中国・四国地方、瀬戸内の島にも進出するチャコウラ

中国地方は、ネットワークの弱さを露呈した(図13)。あえて言えば、鳥取県境港市でチャコウラが目撃されていることから、山陰にもチャコウラが縄張りを広げていることは確かな

図 13　中国・四国地方の目撃情報分布図

ようだ。島根県の山村、津和野《つわの》町商人《あきんど》地区では古くからナメクジを食用油につけ虫さされの薬として活用。現地で確認したところ、ヤマナメクジだった。

瀬戸内海に浮かぶ山口県の周防大島《すおうおおしま》。その属島である沖家室《おきかむろ》の泊清《はくせい》寺住職、新山玄雄《にいやましずお》さんは仏教界のナメコロジストだ。周防大島出身の民俗学者、宮本常一《つねいち》の取材で知り合ってから、境内でフタスジを撮影しては「ナメクジの腹は白い」などのコピーをつけて写真を送ってくれた。関心を持つようになったら、ナメクジが目に留まるようになった体験を法話の冒頭で披露し「亡くなった先祖の供養をするときも、注意深く目を凝らせば亡き人の姿も見えてくるはず」と説いている。周防大島町の町会議員もしている新山さんのところには、知人から周防大島にチャコウラが入り込んでいる情報ももたらされている。この島は本州の山口県柳井《やない》市大畠町と橋で結ばれているので、外来種は容易に入り込める。

四国は、近畿に近い香川県や徳島県でチャコウラが繁殖の基盤を整えているようだ。

香川県丸亀《まるがめ》市を訪ねたのは二〇〇六年六月。江戸時代の後期、洋学派の渡辺崋山《かざん》や高野《たかの》長英《ちょうえい》を弾圧した江戸町奉行の鳥居《とりい》耀蔵《ようぞう》が、行き過ぎた取り締まりの咎《とが》で、丸亀藩にお預けの身になった。二三年間も幽閉されながら生きながらえた屋敷がどんな環境だったのか。新聞の連載コラムを書くために足を運んだのだった。跡地に住むH・Tさん宅の庭に残る古井戸などを見せてもらう合間に、植木鉢の下にいたチャコウラを発見した。耀蔵が幽閉中につけていた日記『鳥居甲斐　晩年日録』（一九八三年、桜楓社）の万延元年（一八六〇年）一二月三一日の項には、暖冬で「蛞蝓亦出で《なめくじまた》」とある。耀蔵が目撃したのはフタスジだったはずだ。攘夷論者の耀蔵がチャコウラの侵入を知ったら、地団太を踏んで悔しがるに違いない。

丸亀から瀬戸内海沿いに西へ一五キロメートルほど行った香川県三豊《みとよ》市のA・Mさんは、二〇〇六年の五月一四日から八月二日までの観察メモを送ってくれた。自宅敷地内にはチャコウラ、そこから少し離れた東側の畑周辺には、住宅が散見される。そこではチャコウラとフタスジが棲み分けしている。メモは「フタスジは「俺たちゃー町には住めないからにー♪」と歌っているのかもしれません」という文章で締めくくっている。

チャコウラは九州・沖縄にも渡る

九州・沖縄地方にも熱心なナメコロジストがいる（図14）。九州の代表は現在、ガス会社に勤務するN・Sさん。二〇〇七年春、宮崎大学農学部を卒業する際、「九州における移入種チャコウラナメクジの分布と成熟期」と題した卒論をまとめた。指導教官は当時、そこで助手をしていた狩野泰則さんだ。N・Sさんの調査で分かったのは、チャコウラの生息域が九州全土に及んでいたことだ。彼は三〇ほどのポイントを一ヶ月ごとに訪ねてチャコウラの生殖器の発達具合もチェックし、「チャコウラは冬季に成熟して産卵する」という仮説も証明した。就職活動のため車で福岡市まで行くときも、途中、背広姿で調査した。道の脇でピンセットを持ち出し、見つけたナメクジを容器に詰める。どう見たって怪しい。「変な目で見られたら、にっこり笑え」。ナメクジ研究の先輩、狩野さんのアドバイスがとても役に立ったそうだ。

沖縄の有力なナメコロジストは、沖縄大学人文学部こども文化学科で生き物について講義する准教授の盛口満《もりぐちみつる》さんである。二〇一〇年四月に『ゲッチョ先生のナメクジ探検記』（木魂社）という本も出版している。以前、盛口さんが理科の教諭をしていた埼玉県飯能《はんのう》市の自由の森学園中学校・高等学校から、ナメクジをプラスチックケースに入れて持ち運ぶ女生徒が

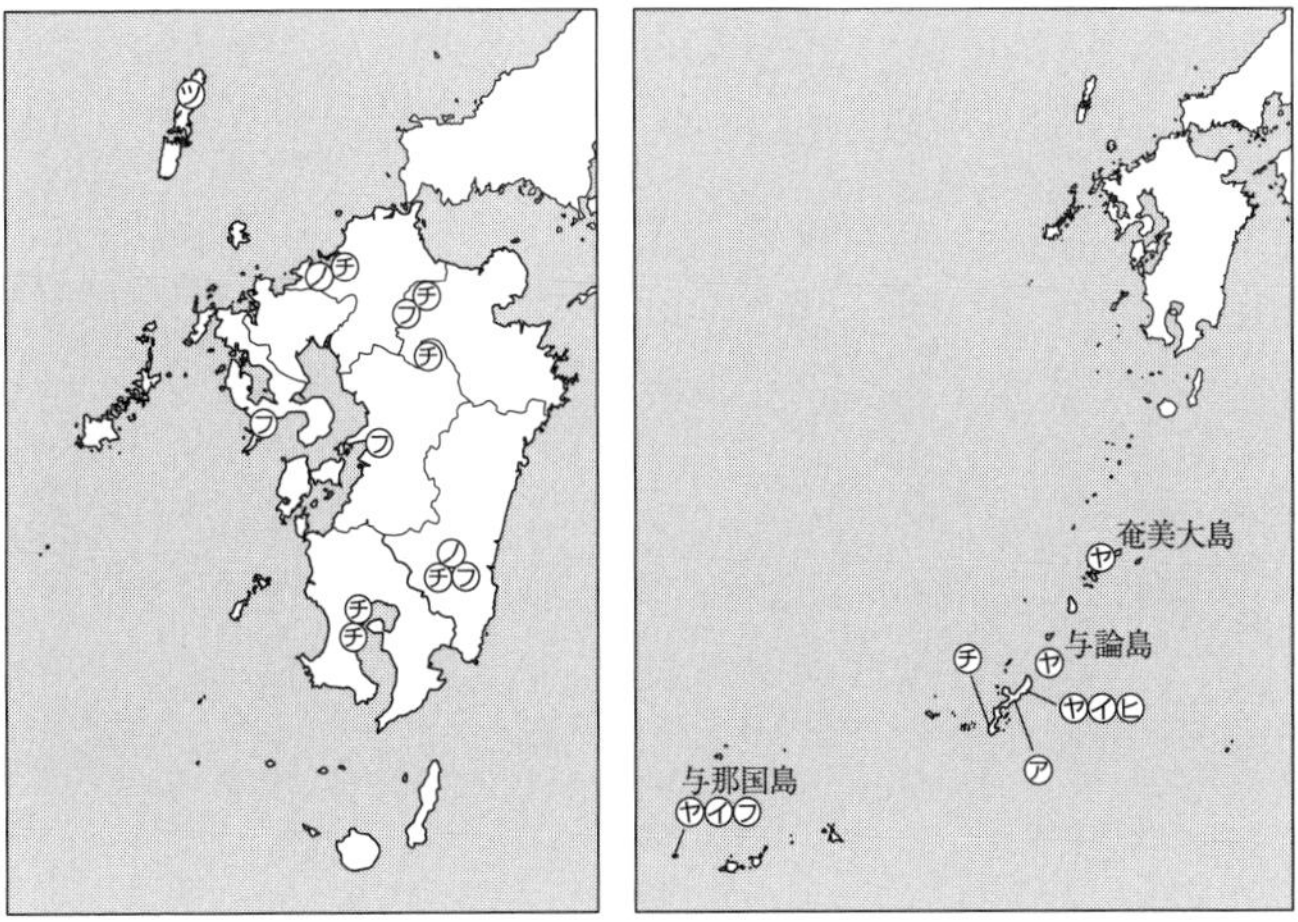

図 14　九州・沖縄地方の目撃情報分布図

沖縄にやって来た。彼女に触発されて「ナメクジ探検隊」を発足させ、あるときは観察仲間や子どもたちと、あるときは一人で、沖縄北部の山原《ヤンバル》の森や、鹿児島県奄美大島、沖縄県の最西端、与那国島などに足を運び、イボイボナメクジなど珍しいナメクジを見つけている。

イボイボは体長二、三センチで、黄褐色、体表は細かい粒粒で覆われている。主に山地の石の下に潜み、肉食性。本州の山梨以南にすむ。大山《だいせん》や白山、白神《しらかみ》山地など亜高山帯にすむオオコウラナメクジ、ヤマコウラナメクジとともに、レッドデータブックに準絶滅危惧種として記載されている。ナメクジ探検隊は、イボイボのほかにもヤンバルヤマナメクジやヒラコウラベッコウ、アシヒダナメクジなども見つけている。南の島は珍しいナメクジの宝庫でもある。

九州、沖縄地方でも、チャコウラは進出著しい。もうひとつ注目すべきは、与那国島で従来いなかったフタスジが目撃されたことだ。この島の比川《ひがわ》地区に住む陶芸家Y・Kさんの庭で二〇〇八年に見つかったのだ。Yさん夫妻は、その二七年前に東京から移住しており、東京から島に持ち込んだものの中に卵か成体が付着していた可能性がある。チャコウラだけでなく、フタスジも南の島にしっかり侵入しているのである。

ヨーロピアンブラックが世界各国を席巻する？

外国となると、私の交友関係が乏しいため、私のところに届く目撃情報はめっきり少なくなる。少ない情報を土台にあえて言うなら、その昔、ヨーロッパの列強がアジア、アフリカ、アメリカへと進出したのと同じように、ヨーロピアンブラックナメクジやキイロ、チャコウラ、マダラコウラ、アカコウラ、ミルキーといったヨーロッパ原産のナメクジが海を渡り、他の大陸に上陸を果たしているのが目につく。

外国での目撃情報で圧倒的に多かったのは、ヨーロピアンブラックだった。大型のナメクジでは、北米の北西部にすむバナナナメクジと双璧をなし、大きいのは全長三〇センチほどあるので、道端にいれば自然、目に飛び込んでくる。ヨーロッパでは『クマムシ?! 小さな怪物』(二〇〇六年、岩波書店)の著者で慶応義塾大学准教授の鈴木忠《あつし》さんがデンマークで、スイス在住の物理学者、O・Wさんと、新潟県南魚沼市で老人福祉施設を運営するK・Cさんがスイスで、巡礼の道を歩いた体験を日本経済新聞に連載した生活情報部の編集委員(当時)、土田芳樹さんと写真部の編集委員、嵐田啓明さんがスペイン各地でヨーロピアンブラックナメクジを目撃している。

米国では現地の書店勤務のT・Dさんがシアトルで、ヨーロピアンブラックを見かけている。アカコウラナメクジについては早稲田大学の留学生(当時)Jさんの父親がオレゴン州で、私の次女の義母、H・Pさんがボストン郊外のケープコッドで、グラフィックデザイナーのO・Wさんがコネチカット州ニューケイナンで、それぞれ目撃している。米国ではバナナナメクジなどの在来種が、ヨーロピアンブラックやアカコウラに駆逐されることを心配する声が強まっている。日本へは今のところ、ヨーロピアンブラックやアカコウラは上陸していない。もし山岳部などに入り込むと、ヤマナメクジなどの在来種が脅威にさらされる。この先、要注意だ。

千葉県立中央博物館上席研究員、黒住耐二《くろずみたいじ》さんが寄せてくれたアジアで唯一の目撃情報は貴重だ。二〇〇二年八月、中国の昆明の研究所の植え込みにヨーロッパ原産のキイロがいた。

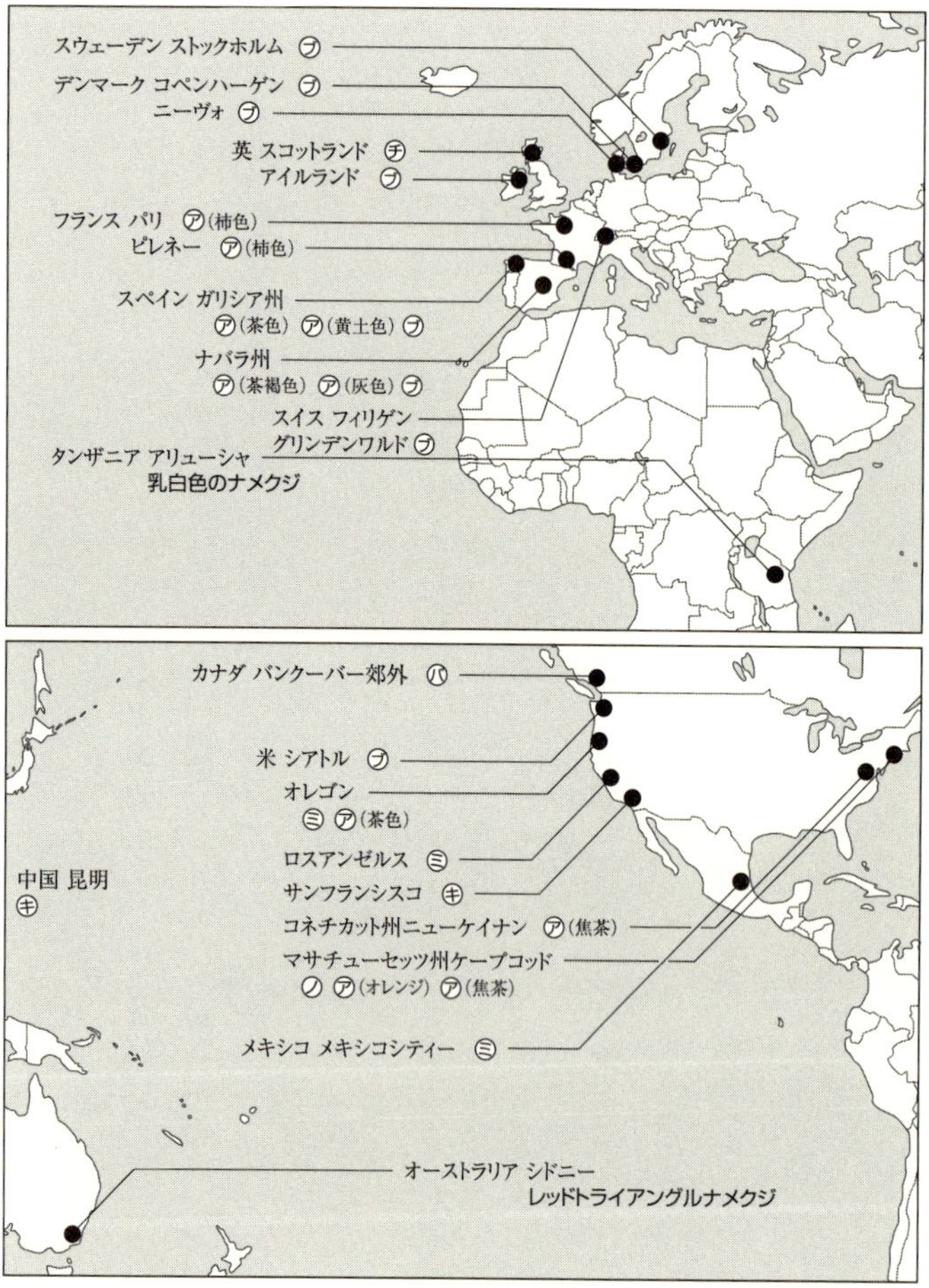

(チ) チャコウラナメクジ
(キ) キイロナメクジ
(ブ) ヨーロピアンブラックナメクジ
(バ) バナナナメクジ
(ミ) ミルキーナメクジ
(ノ) ノハラナメクジ
(ア) アカコウラナメクジ

図 15　海外の目撃情報分布図

これが一体、何を意味するのか。恐らく、ヨーロッパの列強各国が中国に進出した一九世紀に上陸し、その後、中国共産党が支配するようになってから、一時、欧米の人や文化が入りにくくなったため、日本のようなチャコウラとの交代劇が起きなかったのであろうか。

生息するナメクジの種類が豊富で、農産物の被害も大きいヨーロッパでは、研究者たちの交流も活発だ。二〇〇六年の九月八日から三日間、スイスのクールにある自然史博物館で、コウラナメクジをテーマにした国際ナメクジ研究者討論会が開催された。会場は、日本を含む各国の経済人や政治家、知識人が集うダボス会議の会場の西の方角にある。このナメクジ会議には、周辺各国から研究者が参加した。日本からの参加者はいなかったそうだ。

2 銀の筋は何なのだ

逃げだしたチャコウラ

細々としたナメコロジー研究会の活動も「チリも積もれば山となる」のことわざのように、一〇年を超えると形が整ってくる。いい例が1章の目撃マップである。もちろん目撃情報はチリなどではなく、研究会にとって貴重な宝物だ。それを数え上げたら、私自身の目撃情報も含め一四年間で国内三二六件、外国三一件にのぼった。デジカメで接写した写真をインターネットのメールや郵便で送ってくれる人がいた。中にはピンボケの写真もあり、種類を特定できないケースもあった。それはそれで想像力を膨らませてくれる面白い記録になった。

当初、戸惑ったのは、捕獲した現物を自宅に届けてくれる人がいたことだ。北海道・阿寒湖畔の藤戸茂子さんは、1章で紹介したように宅配便で、周辺の知り合いが捕獲したものを次々送ってくれた。サイエンスライターの柳澤桂子さんが紹介してくれた埼玉県熊谷《くまがや》市の主婦、M・Mさんはポリエチレン製の弁当箱にチャコウラナメクジを四〇匹も詰めて届けてくれた。自動車会社に勤務する埼玉県吉川市のN・Yさんは、出先でナメクジを見つける名人で、親類の家や、旅先の湿原や山、はたまた研修先のホテルの植え込みで捕獲しては、ペットボトルなどに入れて手渡してくれた。江戸時代、薩摩藩の財政再建に功績のあった調所《ずしょ》広《ひろ》郷《さと》の取材で世話になった鹿児島市の個人タクシー運転手、U・Tさんは自宅の庭で捕まえては宅配便で送ってくれた。

届いたナメクジは種類を確認して目撃マップに書き込む。それが済んだからといって庭に逃がすわけにいかない。生態系を攪乱する恐れがある。で、1章の冒頭でふれたように、狭い書斎に移動式の棚を置き、種類別、捕獲場所別に、ポリエチレン製の容器に入れて飼育するようになったのだった。

これまでの人生でキンギョやドジョウ、カブトムシ、それに小型犬などを飼育した経験がある。ナメクジほど骨の折れる生物はいない。まず餌の世話が厄介だ。アジサイの葉や、レタス、キャベツ、ニンジン、キュウリなどの野菜類を試した。結果はキャベツに軍配が上がった。レタスやキュウリはすぐ腐ってしまう。アジサイの葉はあまり食べてくれない。M・Mさんの送ってくれた弁当箱入りの四〇匹。これだけの集団になると食べる量が半端ではない。キャベツはすぐに孔だらけになるから、四、五日で取り換えなければならない。排出されたキャベツ色(緑)のフンを時おり拭きとらないと環境が悪化する。夏場、旅に出て、一ヶ月ほど餌を取り換えずにいると、腐ってどろどろになり、ナメクジも同じように腐乱してしまう。

飼育中に困ったことは、ほかにもある。彼らは容器から逃走する名人でもあった。といっても、私が彼らのことを知らなさ過ぎた面もある。容器のふたに錐《きり》で空気孔を開けていた。小ぶりな孔と思っていたら、そこはマイホームの殻を持たない軟体動物。体を細めて伸ばせば容易に抜け出せるのだ。あるときは、卵から孵化したばかりのチャコウラの子ども一〇匹ほどが集団で脱走して行方不明になったことがある。かすかに残る粘液の筋の痕跡をたどると机の裏側など暗い場所に向かっているらしいことは分かった。懐中電灯を照らして探しても一匹たりとも発見できなかった。容器の中の不自由な暮らしが余程いやだったのだろうか。

「ゆっくりと」の警句の下で憤死

ナメクジがゆっくり歩くとはいえ、チャコウラは外国から侵入してきただけあって、フタスジに比べると、逃げ足が速い。逃走した成体のチャコウラをめぐるできすぎたエピソードが二つある。一つは、書斎の壁に掛けてある水色のアジサイの花の絵に粘液の足跡を残し、行方をくらましたのがいた。絵を本物と勘違いしたとは思えないのだが……。もう一つは、

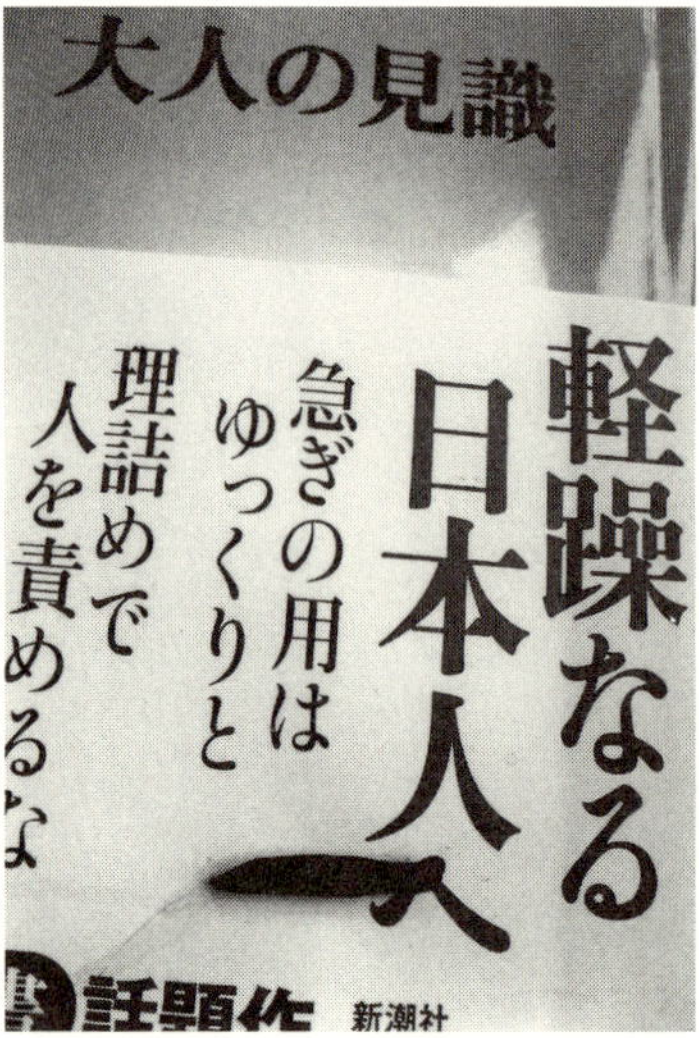

図16　ナメクジが息絶えていた本の表紙

これから読もうと積んでおいた本の上まで来て粘液を使い果たしたのか、その場でミイラ化しているのがいた。それも阿川弘之著『大人の見識』(二〇〇七年、新潮新書)の帯にある「軽躁なる/日本人へ/急ぎの用は/ゆっくりと」というコピーのすぐ下で息絶えていたのである(図16)。偶然とはいえ、何とも警句に満ちた場所で死を迎えたものだ。この本はナメクジグッズと一緒に大事に保管してある。

頼りになるのは米ソの文献

書斎のナメクジの行動を横目で眺めていると、時おり気になることが浮上する。あれっ、どうなってるんだろうな、と思ったときには、主に外国の二冊の専門書に頼った。日本にはたよりになる書物がないからだ。一冊は旧ソヴィエト連邦時代に、ソヴィエト科学アカデミー動物研究所が刊行したイ・エム・リハレフ、ア・イ・ヴィクトール著『ソ連邦の動物相貝類第三巻第五分冊　ソ連邦および隣接諸国のナメクジのファウナ（動物相）』だ。ロシア語の堪能な貝類愛好家の大熊量平さんが日本の研究者のために、これをガリ版刷りの翻訳書に製本して配布した。私は、その翻訳本を千葉県立中央博物館の上席研究員、黒住耐二さんからしばらく貸してもらった。ナメクジの体の構造や生態などについて詳しく記述した文献だ。

もう一冊は、米国のシアトルを訪ねた際に、書店で探し出したデイヴィッド・G・ゴードン著『FIELD GUIDE to the SLUG（ナメクジの野外ガイド）』（SASQUATCH BOOKS）である。ナメクジの宝庫、米国北西部にすむ彼らの生態などについて詳述したブックレットだ。英語の辞書を何度も何度も開きながら何とか理解した。

粘液には七つの機能

何だって、彼らは歩いた跡に銀の筋を残して行くのか。我が家のナメクジ事件以来、ずーっと気になっていたのは銀の筋、つまり粘液についてだ。

昼間はベランダの植木鉢の下などで、仲間と体を寄せ合っている彼らは、夜になると鉢の側面や枯れ葉、草花の花弁などに粘液の足跡を残しながら、餌になる葉や花を探してさまよう。ナメクジの身になって想像すると、粘液の七つの役割が浮上する。

第一が「カーペット機能」。粘液を歩行面に敷きつめれば、滑らかに進行できる。垂直なところでも、粘液には適度な粘り気があるので、滑り落ちたりしない。

第二が「保湿機能」だ。人間の体の水分が約六〇％なのに対し、ナメクジは八五％。なのにナメクジの体は、薄い皮膜でしか覆われていない。乾いた地面と直接接触すれば、体の水分が地面に吸収されてしまう。炎天下に体をさらせば、水分が蒸発してしまう。体を覆う粘液には、体の水分を外に逃がさない働きがあるのである。

第三が「断熱機能」。ナメクジは高温に弱い。例えば、周囲の気温がセ氏三三・七度、湿度二四％のときに、体温を二一度に数時間保った実験例がある。これは体を覆う粘液に外部の高温を遮断する機能もあるからなのである。

第四が「洗浄機能」である。体には硬い物質や、病気の原因になる病原菌や微生物がつきやすい。これを洗い流す役割もある。

第五が「護身機能」。ヘビや鳥などに襲われたとき、特別濃厚な粘液を分泌し、捕食者の口を封じることもある。

第六が「ナビ機能」だ。彼らの嗅覚は、自分や仲間の粘液の足跡をとらえることで、暗闇の中でも植木鉢の下などにある巣に戻ることができる。粘液の筋が帰宅するときのにおいの目印になっているのだ。

「ぶら下がり機能」が第七。米国北西部の森にすむ長さ二五センチはあるバナナナメクジは、木の枝から、粘液を命綱にしてぶら下がり、頭を下にして地面に降りる。日本でも新潟県村上市山北地区のS・Nさんがサザンカの枝から、フタスジが粘液の糸にぶら下がって上り下りするのを目撃している。ヨーロッパが原産のマダラコウラナメクジのように、粘液の糸にぶら下がって空中で交尾する仲間もいる。

いろいろな機能が備わっている粘液は、主に頭部や腹部の下にある足腺から分泌される。一つは自由に流れ出て腹の底の左右に広がる。もう一つは粘性がより強く、腹に沿って後ろに流れ出る。

この粘液の成分は何なのか。ムチンと呼ばれる粘性物質で、多糖類とタンパク質が結合したものだ。納豆やオクラ、それにウナギの体表のねばねばなどは、いずれもムチンである。人間の体内の粘膜、例えば胃腸の内壁を覆っているのもムチンである。胃が胃酸で溶けないのもムチンで保護されているからなのだ。そう見てくると、人間は、動物界の大先輩に当たるナメクジの粘液の機能を体内でしっかり受け継いでいることになる。

一つの足でなぜ動く

深夜、書斎の電気をつける。容器の壁面で、触角と体を思いきり伸ばしてリラックスするナメクジに出合うと、また疑問が頭をもたげる。真っ白な足の裏を壁面に付着させたままで、どうして移動できるのか。

1章で書いたように、ナメクジは軟体動物門の腹足綱に属す。アワビやサザエと同じ仲間で、発達した足の筋肉の中に胃などの臓器を包み込んでいる。貝類やイカ、タコなどの軟体動物の中で、陸上で生息できたのは腹足綱のカタツムリやナメクジだけだった。恐らくその秘密は、歩き方にあるのだろう。

透明な容器を滑るように歩く、足の裏を眺めると、後ろから前へ、暗い色と明るい色の帯が波を打って流れる。筋肉線維が、緊張したり、弛緩したりして波を起こしているのだ。足の底には二組の働きの筋肉線維がある。一つは内側と後方に影響する線維で、波を縮ませて前から引き、後ろに押し出す。もう一つは外側と前方に影響を与える線維で、足の外側の波を起こす。サザエやアワビに比べ、ずっと複雑な構造になっている。原子力発電所の事故処理などの際、ロボットの足の裏にこれを取り付ければ、どこにでも移動ができそうだ。人間の体の内部にも同じような動きをする筋肉線維がある。蠕動《ぜんどう》運動をする腸の内壁である。こんなところにも、人間との類似点があるのだ。

家族が出払ったとき、キッチンのテーブルにラップを張り、歩くスピードを測ったことが何度かある。ラップというかなり歩きづらい条件の中で、フタスジは一分間に三～七センチ、チャコウラは同八～二〇センチ。そこは外来種、フタスジより三倍ほど速い。

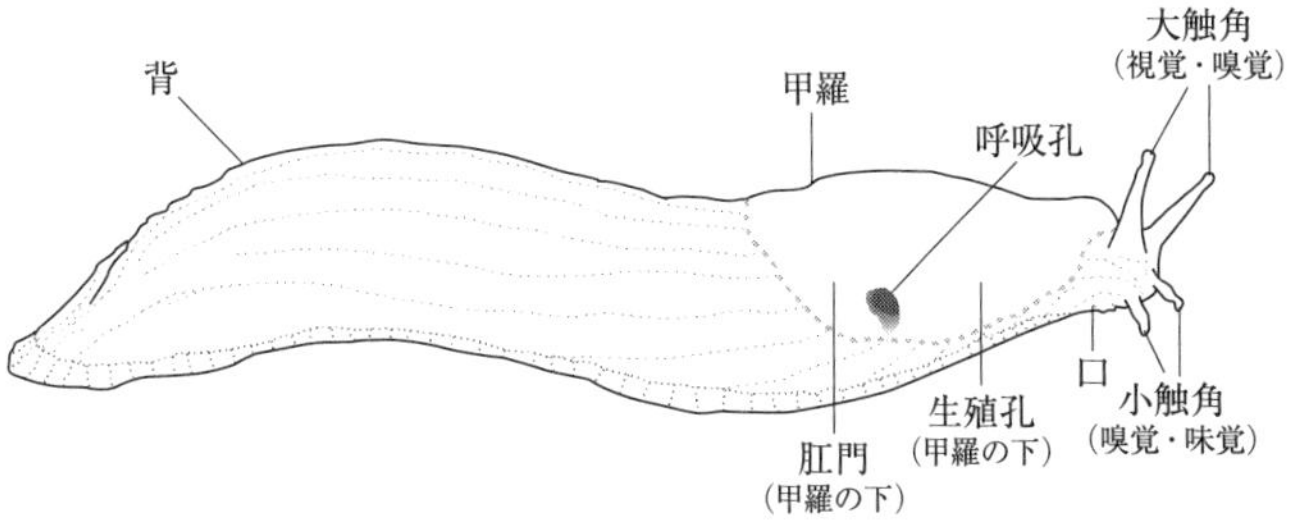

図 17　ナメクジの体と部位の名称(ゴードン『ナメクジの野外ガイド』より)

外国には、一分間に六七センチも進む韋駄天のような仲間もいる。米国の研究室の実験では、ナメクジの牽引力は、水平に体重の五〇倍、垂直には体重の九倍もあるというから、彼らの足は相当な力持ちでもある。

四本の角は視覚、嗅覚、味覚のセンサー

つのだせ、やりだせ、めだまだせ――文部省唱歌の「かたつむり」の二番にあるように、カタツムリには上下に一対ずつの触角がある(図17)。上が長めの大触角、下が短めの小触角。ナメクジも同じだ。暗闇の中で餌を探したり、植木鉢や倒れた樹木の下にある巣に戻ったりするときに、大切な役割を果たすのだ。

　大切な器官だけに、危険を察知したらすぐにしまいこむ。動作の緩慢なナメクジが、どうして触角を素早くしまい込めるのか。これも不思議な行動の一つだ。触角にメスを入れ切り開くと、内部には円筒形の牽引筋が横たわっている。この

筋肉が、触角の先端を体の内部に埋め込むために、すっぽり引っ張り込む役割を果たしている。

上側の大触角の中には、視神経と嗅覚神経が通っている。これで見たり嗅いだりしている。見るといっても人間のように物の形をはっきりとらえているわけではなく、明暗や大ざっぱな輪郭をとらえるのが精一杯のようだ。大触角の先端のふくらんだ部分には網膜があり、そこには光をとらえる光細胞がある。ナメクジの光細胞は、カタツムリに比べ少ない。それだけ光をキャッチする力が弱い。けれども、ナメクジには赤外線をとらえる副網膜がある。赤外線は、人間が肉眼でとらえられる可視光線より波長が長い電磁波だ。赤外線カメラが暗闇で熱を発する物体を撮影できるように、ナメクジの大触角は暗闇の中の植物や動物を感知できるのである。

下側の小触角には嗅覚神経と味覚神経が通っている。大触角で遠くのにおいをかぎ分け、小触角でにおいの質をとらえる。小触角の表面には味覚をとらえる感覚細胞も配置されている。食べ物に触れて、これは食べられると判断したら、味覚神経が、人間の前頭葉に当たる前脳葉にゴーサインを送り、前脳葉の指令によって食べ始めるのである。

彼らが生きていく上で、触角は極めて重要な役割を果たす。だから、万が一、これを失った場合、急いで再生する。再生には、小柄なナメクジで一〇～一二日、大柄な種類で三〇～

六〇日かかる。

ここまで書いてきて、また疑問が持ち上がる。人間には五感がある。視覚、嗅覚、味覚、触覚、それに聴覚。ではナメクジは？　ここで見てきたように視覚、嗅覚、味覚はある。触れたり近づいたりするとアンテナのような触角を縮めるところを見れば、当然触覚もあるのだろう。でも耳に当たる聴覚器官は、どう見ても持ち合わせていない。脊椎動物の魚類や両生類、爬虫類、鳥類、哺乳類は、いずれも耳を持っている。祖先が海で暮らしていた貝類であるナメクジは、発達した触角が空気中の音波をとらえ、聴覚を補っているのであろうか。それとも音の聞こえない静寂な世界で生きているのであろうか。

⁒ ⁒ ⁒ ⁒ ⁒ ⁒ ⁒ ⁒ ⁒

《コラム》　平和な退治法

ナメクジは嗅覚が鋭い。そこに目をつけたナメクジ退治法がいろいろ考案されている。退治法について本書で触れるのは本意ではない。しかし、多くの人が知りたがるのは、彼らの生き方などではない。効果的な退治法についてなのだ。

駆除剤の成分表を眺めてみよう。「メタアルデヒド」と記したものが多い。ナメクジが好むビール酵母やヌカの粉で固めた固形剤に、殺戮効果のあるメタアルデヒドを盛り込む。甘いにおいで誘い出し、毒を食べさせようというものだ。メタアルデヒドは体内でアセトアルデヒドに分解され、神経を麻痺させる。その場に立ち往生し、昼間、明るい所で干からびて絶命する。体の小さなペットや野鳥が食べると痙攣を起こす恐れがある。この種の毒性の強い駆除剤はおすすめできない。

リン酸第二鉄を成分にしている駆除剤もよく見かける。こちらは食道を通過する食べ物を一時ためておく嗉嚢《そのう》や、肝臓、すい臓の機能を徐々に弱め、食欲不振に追い込む。即効性はないけれど、物陰に隠れたところで餓死するので、ナメクジの死体を見たくない人向きの駆除剤だ。

撃退法として、銅板を植木鉢に巻きつける、コーヒーの粉末のかすをまく、といった方法も雑誌などに紹介されている。銅の金属イオンやカフェインを嫌う性質を利用したものだ。実験してみると、そんなに効果は得られない。

ある駆除剤メーカーの担当者が、そっと教えてくれた「安全で効果のある捕獲法」は、飲み残したビールを利用する方法だ。ペットボトルの上部を切り捨て、コップ状になった器にビールを注ぐ。彼らは酔っても逃げるのが得意なので、ボトルの上部内側に油を塗って上れないようにしておきたい。ビールのにおいが好きなナメクジが大挙して集まり、溺死する。私の妻が深夜、ベランダにビールを注いだ発泡スチロール製のトレイを置き、七、八匹を集めながら、朝になったら、ほとんど逃げられてしまったことがある。飲み逃げの名人でもあるから、油の塗り方に細心の注意を払いたい。

口には二万七〇〇〇枚もの鋭利な歯

触角をたよりに食べ物に接近したら、後は食べるだけ。彼らの食べ方がまた変わっている。我ら哺乳類、例えば人間が食パンのトーストを食べるとき、トーストは端から欠けて行く。ところがナメクジは決して端から食べない。ナメクジに与えたキャベツを取り出すと、内側に孔が開けられている。彼らの食べる様子を、穴があくほどじっと観察しても、さっぱり分からない。例の米ソの専門書をのぞくと、謎は解ける。秘密は彼らの口の構造にある。

触角の下に口はある。人間の唇《くちびる》にあたる唇弁《しんべん》に囲まれ、中央に開いた口腔の上側に顎板《がくばん》と呼ばれる顎がある。その下の奥に口球という丸みを帯びた舌がある。その表面に矢じりのような形をした軟骨性の小さな歯がびっしり生え、これで葉の面をこすってこそぎ落とすのだ。あるナメクジの歯はざっと二万七〇〇〇枚もある。

全長八センチのフタスジが、食欲旺盛な晩秋(二〇〇八年一一月)、五日間でキャベツをどれだけ食べたか測定してみた。キャベツに空いた孔は大が長さ四センチ、幅一センチが一個、小が長さ一センチ、幅〇・五センチぐらいのものが計九個。総面積は約八・五平方センチ。一日に換算すれば三平方センチほどだ。私の妻のようなベランダ園芸家は、草花の食べられた跡を見つけて目を三角にするけれど、地球の生物の大先輩にあたる彼らからは、こんなつぶやきが聞こえてくるような気がする。「二億年ほど前からずっと周囲の植物を細々と食べて来たのですから、そう目を三角にされましても……」。

便秘のナメクジがいてもおかしくない

食べたものは口から食道に送られる。食道の脇には、一対の唾液腺があり、そこから消化酵素が分泌される。酵素の中にはアミラーゼが含まれる。これも人間と同じだ。胃に送られた食べ物は、ポーチのような形をした胃で消化される。腸で栄養分が吸収される。栄養分の吸収率は平均すると、ほぼ九〇%。人間の吸収率は大体のところ、糖質九九%、たんぱく質八五〜八〇%、脂肪八五〜七五%だから、これもほぼ彼らと同じである。肛門に送り出された食べ物のかすは糞として体外に排泄される。肛門は、体の右前方にある空気の取り入れ口、呼吸孔近くにあり、普段は閉じていて出すときだけ開く。糞は、キャベツを食べれば緑色、ニンジンならオレンジ色と食べ物の色をそのまま映し出す。

進化の歴史では、先輩格にあたるクラゲやイソギンチャクは、食べ物を口から吸い込み、洞穴のような腔腸で消化吸収する。栄養分は腔腸の内壁から体内の細胞に送り込まれる。残った糞は口から吐き出す。これに比べるとナメクジや人間の消化器官の構造はずっと効率的だ。半面、口から肛門までの消化の過程が長いため、ストレスなどで途中の機能が弱まったりすると、便秘や下痢などの症状に襲われやすい。ナメクジの中にも人間同様、便秘や過敏性腸炎に悩む仲間がいてもおかしくない。ただ書斎のナメクジを見る限りは、便秘や下痢に悩んでいる様子はない。容器に閉じ込められ相当なストレスを感じているはずなのに、いずれも快食快便である。

喘息のナメクジはいない？

ナメクジの肺は拡散肺と呼ばれる。ノルウェー人のクヌート・シュミット＝ニールセンが書いた『動物生理学　環境への適応』(二〇〇七年、東京大学出版会)を読んでいたら、肺についての興味深い記述を見つけた。ナメクジやサソリといった比較的小さな動物の肺では、周囲の空気との交換が拡散だけでおこる。これが拡散肺だ。我ら哺乳動物は、ハーハー吸ったり吐いたりの呼吸をして肺の空気を入れ換える。これを換気肺という。かねがねナメクジを観察していて、妙だな、と思ったのは、動物なのに呼吸をしている様子が一切見られない点だ。拡散肺の説明を読んで疑問が氷解したのだった。

知り合いに六〇歳前後で突然、喘息になり、苦しんでいる人がいる。ナメクジならそんなことで悩むことはない。我が家では、私と妻、それに愛犬「のの」が川の字になって寝ている。三者とも老年期に入ったためか、三者三様のいびきをする。三重奏を録音したら相当、奇妙な響きになっていると思う。老年期を迎えた晩秋のナメクジでは、そんなことはありえない。

脈拍は人間と同じ

消化吸収された栄養分は血管に吸収され、心臓から全身に送り込まれる。血液にはヘモグロビンが含まれないため、無色透明だ。ナメクジの心臓は一心房一心室で、人間(二心房二心室)よりシンプルな構造だ。心臓が血液を送り出す間隔リズム、つまり脈拍は、体重〇・二グラムと小柄なのが一分間に九〇・六回。体重が一六・六グラムと大柄なのが四八・八回。平均すれば人間とほぼ同じ。彼らの行動を眺めていて妙に心が落ち着くことがある。心臓の収縮リズムが彼らと同じだからなのだろうか。

ベストセラーになった『ゾウの時間ネズミの時間』(一九九二年、中公新書)の著者、本川達雄が書いた『時間　生物の視点とヒトの生き方』(一九九六年、NHKライブラリー)によれば、哺乳動物が心臓を一回、ドキンと鳴らすのに要する時間は、ハツカネズミ〇・一秒、ドブネズミ〇・二秒、ネコ〇・三秒、人間一秒、ウマ二秒、ゾウ三秒だ。体が小柄になるほど、脈拍は速くなる。ナメクジは軟体動物だから、その法則は当てはまらないのだけれど、小さな体の割に脈拍が遅いために、行動がゆったりしているのであろう。おそらく彼らは、地球に出現した二億年も前からほぼ同じ行動リズムを守っているのであろう。年々、行動リズムが速まる人間は、ナメクジのように脈拍に合った生活のペースを守るべきではないのか。

男性器も女性器も併せ持つ

人間とナメクジの体の器官は、似ている点が多い。大きく異なるのは生殖器官の備え方にある。人間は一般的に雌雄異体で、男性は男性器を、女性は女性器を備えている。ナメクジは雌雄同体。自家受精する仲間が一部にいる。多くは他のナメクジと交合する。繁殖する上で、他と交雑した方がより生命力の強い種を残すことができるからなのであろう。

ナメクジは、ゴムのチューブのような陰茎を持ち、普段は体内にしまいこんでいる。交合のときは、互いに呼吸孔から陰茎を反転させながら押し出す。相手の呼吸孔から生殖孔へと挿入された陰茎は、受精嚢に精子の塊を放出する。この塊を精包という。受精嚢ではしばらく精包の形で預かり、ここから精子の一部が取り出され、自分の卵子と受精させ、受精卵を産むのである。

私の書斎で見る限りは、一回に三〇〜六〇個の卵の塊をキャベツの葉や容器の底に産みつける。一匹が一度だけでなく、何度か産卵する。卵はまるで真珠のような白銀の輝きを見せる。これを湿気の多い場所に置いておくと、一〜三週間で孵化する。私は水に浸したスポンジャ脱脂綿の上に卵を載せている。ナメクジを毛嫌いする人でも、孵化したばかりの赤ちゃんを見たら、きっと「カワイイー!」と反応するに違いない。ベランダ園芸に熱心な私の妻でさえ、孫でも眺めるように温かい視線を、ナメクジの赤ちゃんたちに送っている。

超節電型の脳

体の各器官に指令を出し、行動全体をまとめあげるのが脳である。ナメクジに脳がある。友人たちにそう伝えると、ほぼ一様に言う。「えっ、脳があるの」。認識が浅いこと、この上ないのである。

彼らの脳は、口のすぐ上のあたりにある。脊椎動物のように、頭蓋骨で守られていない。周囲を覆うのは筋肉組織。だから筋肉の動きに合わせて、脳も動く。構造上、きわめて柔らかいのだ。脳は脳葉神経節とも呼ばれ、前脳葉、中脳葉、後脳葉からなる(図18)。これが触角神経節や腹足神経節、内臓神経節、外套神経節、側神経節などとつながり、生命を維持している。構造は極めてシンプルだ。しかし、基本的な機能は、人間と同じなのである。

研究室で脳の働きを調べる際も、柔構造なので電極を差し込みやすい。触角神経節のなかでも最も発達している嗅覚の実験をすると、神経細胞が興奮して電流が流れ、前脳葉に伝わる。前脳葉から腹足神経節に電流が流れ、体を移動させる。この電流は、在来種のフタスジ

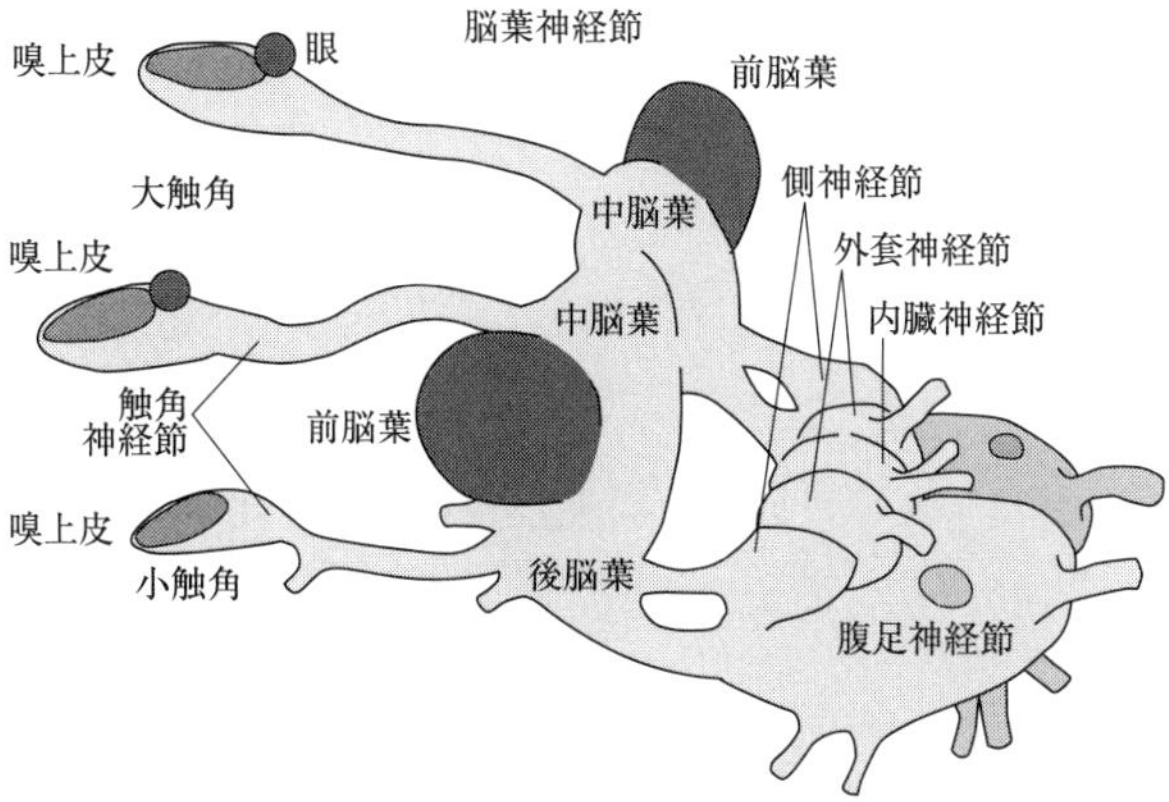

図 18　ナメクジの脳の模式図(木村哲也「ナメクジの脳でみる記憶と再認」(『日経サイエンス』1994 年 7 月号)より)

に比べ、外来種のチャコウラの方が強く、キャッチしやすい。だから実験にはチャコウラが使われる。チャコウラの方が、歩くのが速いのも神経を伝わる電流の強さに起因しているのであろう。ということは、フタスジの脳は鈍くて劣っているのか。そんなことはない。優劣の問題ではなく、ライフスタイル、つまり文化の違いなのである。フタスジの脳は、今風に言うなら、エネルギー消費がより少なくて済む超節電型なのである。

3 闇に包まれたライフスタイル

夜な夜な徘徊する

俳句には動植物の生態をしっかりとらえた作品がある。例えば、

なめくじり夜遊びをせし銀のすじ　（井上梵天）

朝、庭の踏み石の上に、ナメクジの足跡である粘液の筋が無数に残っている。それを目にした作者は、彼らが未明まで「夜遊び」をしていた、と想像を膨らませたのであろうか。日が沈み、暗くなってから行動するナメクジの生態をしっかりつかんでいればこその句なのである。

子どものころ、夜になると、田園地帯にあった安普請の我が家の天井裏ではネズミがよく走り回っていた。時には近所のネコがネズミを追いかける。天井裏の運動会は、家族が寝静

まってから始まったことを考えると、ネズミもネコも夜行性なんだろうか。ネズミは、人間など危険な動物が休息する夜間に行動して、食べ物を確保しようとする。ネコは、自分の餌になる動物をとらえるために、やはり夜、活動する。

ナメクジが夜な夜な徘徊するのも、天敵が少ない夜間に出撃して食料を確保するためだ。ナメクジの夜行性の理由は、それだけではない。直射日光を浴びたら、体内の水分が蒸発するばかりか、体温が上昇して生命の危機にさらされる。温度が低く湿度が高い夜間に行動するのは、自らの体質によるところもある。

彼らの夜遊びには、それなりの大義名分があるのである。

多くは菜食主義

夜、餌を探す、というけれど、一体何を食べているのか。ヨーロピアンブラックのような大型から、ノハラのような小型まで、多種多様なナメクジが生息するヨーロッパ各国では、食性、つまり彼らがどんな食事をしているかの研究が古くから進んでいる。農産物や園芸用の草花がかなりの被害を受けてきたからだ。

ナメクジの多くは、植物の葉やキノコ類を食べる菜食主義。行動半径が限られているので、偏食に陥りがちだ。キャベツ畑にすむ仲間は、もっぱらキャベツを食べる。ランの温室で暮らす仲間はランの芽や花をひたすら食べる。一般的には、水分を多く含む、柔らかい部分を好む。葉や花の柔らかい組織や、果物の果肉部分である。わが書斎のナメクジも、キャベツの葉の柔らかそうなところに穴を開ける。かたそうな芯の部分はまず食べない。舌についた歯で削ぐように食べるので、どうしても柔らかいものを好むのであろう。ただ柔らかい緑の葉が消える冬場は、枯れたり腐ったりした葉も食べているようだ。

一部に肉食派もいる。沖縄などに生息するイボイボナメクジは、進化の過程で先輩にあたる小さなカタツムリなどを食べる。同じ亜熱帯の森林に住むナメクジには、落ち葉の中のミミズの群れの中で過ごし、ミミズをもっぱら食べる変わり種もいる。

成長段階で見ると、孵化したばかりの赤ちゃんナメクジは、卵を覆っている膜を栄養源として、その後、腐食土や腐りかけた植物を口にする。やがて近くにある植物の葉を食べるようになる。食欲旺盛なのは、成長の初期段階にあたる春と繁殖活動の直前にあたる晩秋である。彼らの世界では「天高くナメクジ肥ゆる春と晩秋」のことわざが通用する。野菜農家やベランダ園芸家がナメクジに特に悩まされるのは、孵化の時期である春と、繁殖活動前の晩秋。丹精込めて育てた野菜や生花が見るも無残な穴だらけの姿になったら、「ナメクジ憎し」とせん滅作戦に出る気持ちは十二分に分かる。

でも、しかしである。憎悪を燃えたぎらせる前に、彼らの事情にも目を向けてほしい。まずナメクジの短い一生を思いやる。次に、彼らがまともに生きるには、春や晩秋が大切な時期であることを理解する。その上で、孵化したばかりの赤ちゃんの写真を見る。三段階のプロセスを経れば、育てた花や野菜が少し食べられても、そう怒ることもなくなるのではないだろうか。人間以外の動物にも菜食主義者がいるんだな、ぐらいの受け止め方ができるようになれば、しめたものだ。

ベランダで草花を育てる妻にも、常々、そう説いている。理解してもらえた気配は感じられない。

天敵にはコウガイビルも

ナメクジにとっての最大の天敵は、食物連鎖のピラミッドの頂点に君臨する人間である。あの手この手の退治法を繰りだしてくるので要注意だ。

夜なら安心と夜行性のライフスタイルを選んだのは正しい選択だったようにみえる。でも世の中、そんなに甘くない。暗闇の世界にも、日向の世界にも、ナメクジを襲う天敵がたくさんいるのである。

脊椎動物では、ハリネズミやトガリネズミ、モグラといった哺乳類、鳥類のカラスやムクドリ、カモメ、家禽のニワトリやカモ、両生類のカエル、イモリ、爬虫類のトカゲ、ヘビなどだ。

無脊椎動物では、オサムシやホタルの幼虫といった昆虫類、メクラグモ類など。ナメクジを薄くスマートにしたようなスタイルの扁形動物もいる。プラナリアなど渦虫《うずむし》類の仲間で、黒や焦げ茶色、頭部がイチョウの葉形をしたコウガイビルは、ナメクジに体を絡め、腹部にある唇で養分を吸い取る。コウガイビルも湿気の多い所で暮らすので、ナメクジにとってはかなり厄介な天敵と言えそうだ。

天敵の顔ぶれは実に多彩だ。逃げ足の遅いナメクジが生き延びるのは、生易しいことではない。

寒さの中で産卵、孵化する

私の書斎のナメクジ観察日誌から、産卵〜孵化の記録を拾い出してみよう。産卵を見つけた段階で濡れたスポンジの上に載せ、ポリエチレンの容器に保管した。産卵に気づかず孵化したときに気づき、そのまま成体と一緒に容器内で保管したものもある。

フタスジでは――。

二〇〇九年一二月三〇日産卵、二〇一〇年一月二八日孵化。N・Yさんが二〇〇九年四月一八日に長野県天龍村で捕獲し、車で私の自宅まで届けてくれたものだ。産卵から孵化までにかかった日数は二九日間。

二〇一〇年三月五日産卵、同年三月二六日孵化。K・Mさんが二〇〇九年一〇月二四日に岐阜県中津川市加子母の畑で捕獲したのを、現地で私が受け取り、持ち帰った。孵化までにかかった日数は二一日間。

二〇一一年一月六日産卵、同年一月二二日〜二月一二日に次々孵化。近所のN・Yさんが二〇一〇年一一月一四日に自宅で捕獲し届けてくれた。孵化までにかかった日数は一六〜三七日間。

二〇一一年産卵時期不明、同年二月二三日孵化。私が二〇一〇年一一月一二日に、近所の路上で捕獲。孵化までにかかった日数は不明。

チャコウラはどうか。

二〇〇六年一二月一〇日産卵、同月二九日孵化。M・Mさんが同年七月九日に埼玉県熊谷市内で捕獲し宅配便で送ってくれた。卵が孵化までにかかった日数は一九日間。

二〇〇八年一一月二九日産卵、同年一二月一一日孵化。私が同年六月二九日に自宅で捕獲した。孵化までにかかった日数は一二日間。

二〇一〇年一月二八日以前産卵(夜の会合が重なり一〇日間ほど観察を怠ったため産卵日が特定できない)、同年二月二日孵化。近所のN・Yさんが自宅で二〇〇九年六月一三日に捕獲して届けてくれた。孵化までにかかった日数は一〇日前後か。

二〇一一年二月二三日産卵、同年三月一六日孵化。私が二〇一〇年九月二三日、自宅の塀に掛けてあるプランターで捕獲した。孵化までにかかった日数は二一日間。

事例が少ない。野外でなく書斎である。そんな条件があるので、きっぱりとは言い切れないけれど、晩秋から春にかけてが、ナメクジの産卵・孵化の季節のようだ。

チャコウラについては、カナダのウェスタンオンタリオ大学に留学中の宇高寛子さんが大阪市立大学大学院理学研究科助教時代にまとめた研究がある。二〇〇四年の九月と一〇月に野外で捕獲したチャコウラ六〇匹を一〇匹ごとに容器に入れ、屋外の日陰に置いた。産卵は一一月二日から翌年の五月一五日まで観察された。一万六七九六個の卵が産まれ、うち六二八五個が孵化した。

昆虫など多くの小動物は、幼虫の食物が豊富な春から夏にかけて繁殖する。チャコウラが晩秋から春にかけて繁殖するのは、なぜか。宇高さんは二つの理由をあげる。一つはチャコウラが、寒い季節、落ち葉も餌としてしまうこと。もう一つは幼体が夏の高温に耐えにくいことだ。

これはフタスジにも当てはまる。晩秋から春にかけてナメクジが繁殖する理由として、私はもうひとつ付け加えたい。彼らには天敵が多い。そのため天敵の活動が不活発な時期を選んでいるのではないかという点だ。

広東住血線虫が寄生する

寄生虫がナメクジを中間宿主にすることもある。

そんな話を聞いたのは、二〇〇三年の夏、沖縄を訪れたときのことである。新聞に「ハブ犬の失業」というタイトルのコラムを書くため、沖縄県衛生環境研究所ハブ研究室(現在は同研究所生物生態グループ)を訪ねた。ここでは毒ヘビのハブを捕まえるシェパードの訓練をしていた。ハブ目撃の通報があると、現場に駆け付け探索する。初代がオスのマック、二代目がオスのテツ、三代目がメスのミミ。いずれも成果が上げられなかったため、せっかくのハブ犬訓練計画は中止となり、ミミが失業してしまったのだ。実情を根掘り葉掘り取材していたら、同じ研究所の衛生科学班でナメクジの研究をしていると聞き、レクチャーをしてもらったのだった。

同研究所の安里龍二さんらが二〇〇三年に「広東住血線虫の疫学調査」をまとめた。ドブネズミを最終宿主にする広東住血線虫がナメクジを中間宿主にする、というのだ。沖縄県内一一ヶ所で採集したナメクジのうち、アシヒダナメクジは二八一匹中二一匹(七・五%)が、チャコウラは五六匹中一匹(一・八%)、チャコウラの類似種は二二七匹中七六匹(三三・五%)がそれぞれ感染。フタスジ五二匹とヤマナメクジ一匹は、感染していなかった。チャコウラ類似種の感染率の高さが際立った。

広東住血線虫の卵や幼虫が寄生する感染ナメクジを直に触れたり、感染ナメクジが食べ跡を残した野菜を生で食べたりして、広東住血線虫が人間の体内に侵入すると、二、三週間の潜伏期間後、発症する。初期は軽い発熱、続いて激しい頭痛、嘔吐、食欲不振、疲労感などが伴う。軽症なら数日から数ヶ月で治る。幼虫が脊髄から脳に侵入して重症になると、精神障害、視神経の委縮、体の麻痺などの後遺症をもたらし、死に至ることもある。

ナメクジを素手で触れたような場合、すぐに手を洗う。触れた手でそのままものをつまんで食べたり、料理をしたりすることは禁物だ。野菜にナメクジの足跡が認められるようなときは、その部分は捨て、残りも十分洗浄したい。ナメクジとの付き合いには、万が一のことも考えての細心の注意が求められる。

塩が苦手、砂糖は大丈夫

ナメクジを見ると、すぐに塩をかけようとする人が世間には多い。それは塩をかけると、ナメクジが溶けて消えると信じ込まれているからだ。

本当に溶けて消えるのか。そんなことはあり得ない。

ナメクジの体はほぼ八五%が水分だ。人間の成人の水分はざっと六〇%だから、ナメクジの水分は相当な多さだ。その上、体を覆っているのが薄い皮膜。そこに食塩のような物質が直に触れると、ナメクジの水分は浸透圧によって、皮膜を通過して食塩に吸い込まれてしまう。濃度の薄い方から濃い方へと圧力が働くのである。内臓や筋肉は皮膜を通過できない。水分以外の体の成分は皮膜の中に残るのだ。

実際にどうなるのか。食塩と砂糖を使って、台所で実験してみた。協力してもらったのはチャコウラ二匹。

テーブルの上に黒い紙を敷き、全長五センチほどのチャコウラを置く。上から姿が見えないくらい食塩をふりかける。一分で体長は二・五センチに縮まり、体は塩を含んだ大量の粘液で覆われた。五分後、塩を洗い落とす。塩を含んだ粘液は体の周囲にこびりつき、離れない。一五分後、水を含んだスポンジに載せ、一日回復を待ったが、固まったまま。どうやら塩をかけた直後に絶命した模様だ。体内の水分の欠乏、それに食塩を含んだドロドロの粘液が呼吸孔をふさいだことが死因と思われる。

やはり全長五センチほどのチャコウラを、黒い紙の上に載せ、姿が見えなくなるまで、砂糖をかける。一分後、砂糖からはい出す。尻尾の方が少し水分を奪われた模様だが、姿はほとんど変わらない。二分後には、平常の歩き方に戻った。

小麦粉はどうなのだろう。数日後、テーブルにラップを張り、全長五センチほどのチャコウラにたっぷり小麦粉を盛ってみた。チャコウラは、粉の中であっちこっちに方角を変えながら、八分三〇秒後にはい出してきた。体の後部がやや細くなったものの、命に別状はなかった。

食塩と、砂糖や小麦粉。外見は似ている。ナメクジが食塩によって大きな打撃を受けるのは、粘液で溶けた食塩の浸透圧がきわめて高いためなのだろうか。

4 なぜ生き残ったのか

独立記念日はいつなのか

宇宙が誕生したのが一三七億年前、地球の誕生が四六億年前、生命の誕生が四〇億年前、人間が生物の系統樹でチンパンジーから独立したのが七〇〇万年前といわれている。では、ナメクジはいつごろ地球に登場したのか。化石として残りにくいためなのか、はっきりしない。

米国のスミソニアン協会国立自然史博物館の鉱物科学部門部長、ジェームス・F・ルール博士が総編集した『地球大図鑑』(二〇〇五年、ネコ・パブリッシング)は文字通り、地球のことをあれこれ教えてくれる図鑑である。冒頭の地球の歴史年表を眺めていたら、三億一〇〇〇万年前のところに「最初の陸生巻貝(カタツムリ)」と記述してあった。

ナメクジ研究が日本より盛んな米国西海岸、シアトルで見つけた地元の研究者、デイヴィッド・G・ゴードン博士著『ナメクジの野外ガイド』(前出)。この本には「中生代の温かく湿気の多い時代、約二億年前に、ナメクジはアジア方面から北米方面に移動した」とある。当時、地球にはパンゲアと呼ばれる大陸が一つしかなかったとみられている。動物は移動しやすかったようだ。

二つの記述からは、ほぼ中生代(二億五二〇〇万年~六五〇〇万年前)の初期には、殻を捨てたナメクジが誕生していたと推定できる。ナメクジのカタツムリからの独立記念日は、中生代の初期、ほぼ二億年前ではないか、と私は踏んでいる。

他の見方も紹介しておこう。遺伝子の解析によってカタツムリやナメクジの分類や進化を研究している東京大学大学院理学系研究科の准教授、上島励《うえしまれい》さんは「そう単純には絞り込めない」と話す。可能性として何通りものナメクジ史が考えられるというのだ。海中にナメクジと同じ形態をした軟体動物がいて、それが何かの事情で上陸したかもしれない。一方で、いろいろな時代に各種カタツムリからナメクジに進化する種類もいた。新生代の第四紀にあたる現代でも、ある種のカタツムリから枝分かれするナメクジもいる。だから独立の年代を明言するのは難しい、というのである。

とはいっても、陸上でのナメクジ第一号の出現時期をはっきりさせないことには、ナメクジの歴史が語りにくくなってしまう。ナメクジ学を一歩前に進めるためにも、この動物の誕生時期が科学的に正しく特定されることを願ってやまない。

はっきり特定される時期がくるまで、私は二億年前説を支持したい。

殻を捨てたのはなぜなのか

殻は、陸生貝類にとって、天敵から身を守る鎧《よろい》の役割を担っている。外気が乾燥したり、温度が上昇したり、直射日光が当たったりしたときには、危険な環境を遮断するシェルターにもなる。なのに、なぜ、そんなに大切なものを捨て去ったのか。ナメクジの歴史の中で大きな謎の一つでもある。

原因を考えてみよう。まず頭に浮かぶのは陸地でのカルシウム入手困難説だ。貝類が海辺で生活しているときは、海水にカルシウムが多く含まれているので、殻を作りやすかった。陸地では、食べ物の中からカルシウムを抽出するのに相当な手間がかかる。庭先でカタツムリが植物の葉を食べる様子を観察すれば、大変さが手に取るように分かる。あの葉の中には、ほんの微量なカルシウムしか含まれない。生長するにつれ、殻を大きくしなければならない。マイホームのために全力を注ぎこむカタツムリの一生が容易に想像できる。そこで、少しずつ殻を小さくする淘汰の力が働き、ついに殻を捨て去るナメクジが出現する。

そんな考えを国立科学博物館動物研究部の海生無脊椎動物研究グループ研究主幹、長谷川和範さんに話したところ、やんわり否定されてしまった。海中にも殻を捨てた軟体動物がいる。例えばイカやタコ。彼らもその昔、アンモナイトのような殻を身につけていたとみられる。ウミウシも殻を脱ぎ去ったとみられる。「軟体動物には殻を捨て去る進化学的な体質があるのではないか」と長谷川さんは指摘するのだった。進化学的体質が受け継がれるのは、なぜか。殻が付いていたのでは、行動がさらに鈍重になる、狭い隙間に逃げ込みにくい、生殖活動の妨げになる、といった事情があるためなのだろう。

あるとき、殻のないカタツムリが突如、誕生し、その種が適応して繁殖を続ける。突然変異説も考えられる。

人間の世界では、住む家や家庭を失った人をホームレスという。生活面の退化現象としてとらえる。軟体動物の世界では、家である殻を捨てることを総じて研究者たちは「ナメクジ化」という。これは進化の一つの形態なのである。

恐竜が絶滅したのはなぜなのか

中生代、食物連鎖のピラミッドの頂点に君臨していたのは恐竜である。この時代は三畳紀、ジュラ紀、白亜紀の三紀からなる。白亜紀には、人間の祖先にあたる、胎盤を持つ最初の哺乳類や、ナメクジの天敵である爬虫類のヘビが登場している。顕花植物、つまり生殖器官としての花を持ち、種子をつくって繁殖する植物も登場し、ナメクジの食べ物は豊富になる。

多様な生物が誕生する一方で、地球上の生物は何度も大量絶滅の危機に直面する。そのひとつが、中生代と新生代の境界を作りだしたチチュルブ衝突だ。六五〇〇万年前、メキシコのユカタン半島のチチュルブと呼ばれる付近に、小惑星が衝突し、巨大な地震や津波、大規模な火事を引き起こした。衝突で大気中に飛び散った岩石の砕片が太陽光線をさえぎり、地球全体を寒冷化させた。

ちなみにチチュルブ衝突の発見に貢献したのが、米国のノーベル賞物理学者、ルイス・アルバレス（一九一一～一九八八）と息子の地質学者、ウォルター・アルバレス（一九四〇～）だ。ウォルターが中生代と新生代の境界の海洋粘土にイリジウム元素が集中していることに気づいた。これをきっかけに父子は、宇宙からの天体が地球に衝突したという仮説を発展させ、さらに衝突によって起きた地球規模の自然災害が恐竜絶滅の原因になったと推測したのだ。

この小惑星衝突により、恐竜をはじめとする三分の二以上の種が絶滅した。恐竜はそれまで、より大きく、より速く、より強くの道を歩み、生物界の頂点を極めた。寒冷化や餌不足などの危機に直面すると、大きさや速さ、強さがかえって災いする。エネルギー多消費型の動物が生き延びるには、エネルギー源となる餌を次から次へと体内に補給する必要がある。十分な食料が確保できなければ、絶命してしまうからだ。小惑星衝突が引き金で起こる自然災害や、食料不足、疾病などの複合的な要因によって恐竜は絶滅したのであろう。より大きく、より速く、より強く、を目指したエネルギー多消費型のライフスタイルが皮肉にも恐竜を絶滅に導いたのである。

ナメクジが生き延びたのはなぜなのか

動物の食物連鎖のピラミッドで、中生代も今も、ナメクジは常に底辺を定位置としている。動物界の弱者であるナメクジが、チチュルブ衝突をはじめとする地球の危機を乗り越えてきたのはなぜなのか。これも大きな謎である。

まず考えられるのが、恐竜とは対極にある「エネルギー節約型のライフスタイル」。小さな体なのに、あのゆったりした行動パターンを守り続けていることだ。他の動物との競争上、弱点となるノンビリしたライフスタイルこそが生き延びた最大の理由であろう。チチュルブ衝突では、動物は突然、食料不足に直面した。エネルギー消費量が少なくて済むナメクジは、恐竜ほどの打撃は受けなかった。わずかに残った植物の葉を少しずつ食べれば生きていけたからだ。

「共生」も生き延びるための大切な要因だ。ナメクジには枯れ葉も餌にするたくましさがある。これは消化器官にセルロースを分解するバクテリアが共生していることによる。それだけではない。草食動物は、草を食べることで草原の再生産(生長率)を高める役割も果たしている、と静岡大学の吉村仁《じん》教授が『強い者は生き残れない』(二〇〇九年、新潮選書)で述べている。巨大なアパトサウルスのような草食恐竜は地表の植物を食いつくしてしまう。恐竜は例外として、ナメクジのような少食の草食動物には、植物の生長を助ける働きがあるというのだ。加えてナメクジの排泄物は、土地を肥沃にして植物の生長を促すという働きもあるのである。

3章で触れた「夜行性」もプラスに働いた。チチュルブ衝突では、岩石の砕片が太陽光線を遮断しても、触角を頼りに移動する彼らには、さしたる影響はない。

他にあげるなら――。支え合い行動。植木鉢や石をひっくり返すと、湿気の多い所で体を寄せ合い、湿度の維持につとめる姿を目撃できる。乾燥という大敵から、仲間と一緒に湿り気を分かち合って守る協同作業といえるだろう。

独特の体の特性もあげたい。①カーペット機能②保湿機能③断熱機能④洗浄機能⑤護身機能⑥ナビ機能⑦ぶら下がり機能――といった、2章でも触れた粘液の七つの機能は、生き残り戦略に欠かせない。雌雄同体であることも、異性を探す婚活の手間が省け、繁殖活動を有利にしているのではないだろうか。こう見てくると、ナメクジは独自の複合的な要因によって、危機を克服してきたといえそうだ。

ナメクジ史観とは何か

ナメクジを主人公にして歴史を振り返る。そんなものの見方を、私は「ナメクジ史観」と呼んでいる。どんな時代にあっても、食物連鎖のピラミッドの底辺に甘んじる。爬虫類や哺乳類が階級闘争のような激しい生存競争を繰り広げる中で、我関せず、決して上昇志向も下降志向も見せず、互いに湿り気、つまり富を分かち合いながら同じ位置を守る。その姿勢が結果的に、幾度となく地球を襲った生物の危機を乗り越えさせたのであろう。

ただ永久に安泰かというと、そうとも言えなくなっている。人間の登場によって脅かされるようになっているのだ。例えば人間の世界史でいう四大文明が起きたころから、森林が切り拓かれ、ナメクジが好む湿潤な環境が狭まり、ナメクジが嫌う砂漠化が広がっている。エジソンが電灯を発明して以来、夜行性のナメクジが活動しやすい暗闇も減少傾向にある。道路の夜間照明だけでなく、神社仏閣や観光名所のライトアップは、周辺に棲むナメクジの生活リズムを狂わしている。加えて、ナメクジの大量殺戮を狙う農薬会社は、ナメトールなどの殺虫剤を次々開発している。

そうはいっても、ひとたびチチュルブ衝突のような危機が訪れれば、食物連鎖の頂点にいる人間の方があっけなく、恐竜と同じように滅んでしまう恐れがある。突如、襲う危機でなくとも、衣食住やエネルギーなどの生活資源を、「もっともっと」と自由競争市場で奪い合っているうちに、資源が枯渇する恐れも出てきている。

人間が今、着目すべきは、ナメクジ史観から導き出される「分かち合いの哲学」であろう。命綱ともいえる湿り気を分かち合ったり、植物やバクテリアと共生したりする姿勢である。

5 ナメクジに引かれた人たち

前の章までは、もっぱらナメクジの動向に関心を向けてきた。この章では、嫌われもののナメクジを研究する風変わりな研究者や、文学での扱われ方、あるいは俗信ともいえる民間療法での効能など、ナメクジと人間の関係について、あれこれ触れてみたい。

ナメクジに憑かれた研究者

ひょっとすると、ナメクジの脳の研究が、人間の病気の解明に貢献するかもしれない、と思わせるニュースに出合ったのは、二〇一一年の春のことだ。この年の四月一三日付の米科学誌「ジャーナル・オブ・ニューロサイエンス（電子版）」に徳島文理大学香川薬学部の松尾亮太講師（当時）らの研究チームが、ナメクジの実験で、太って体が大きくなると、脳内の神経細胞もサイズが大きくなる、と発表した。

詳しい話を聞くため、この年の七月一二日に香川県さぬき市にある同大の研究室を訪ねた。

松尾さんは言う。「ナメクジに大量の餌を与えて体重を一〇倍太らせる。すると神経細胞の数は変わらずに、脳の神経細胞内のＤＮＡの量が増え、神経細胞や脳の体積が三、四倍に、たんぱく質などの神経伝達物質の量は四、五倍に増えた」。人間のアルツハイマー病は、脳内の異常たんぱく質が増えて細胞が変性する。ナメクジの脳と人間の脳のメカニズムが共通なら、アルツハイマー病発症の原因究明に、この研究が役立つかもしれないというのである。

松尾さんは二〇〇一年のころからナメクジの記憶学習や脳の再生についての研究を続けている。一度嫌いな食べもののにおいを記憶すると、一ヶ月ぐらいは覚えていて、そのにおいのする食べものを避ける行動を示す。他方で、脳が破壊されても再生する。そうした学習能力の高さや、人間に比べ脳の再生能力が極めて高いことなどをこれまで明らかにし、この能力の高さが地球上で生き残った要因とも見る。

軟体動物の記憶学習の研究では、二〇〇〇年にコロンビア大学のエリック・カンデル博士がアメフラシの実験により、ノーベル生理学・医学賞を受賞している。松尾さんは、アメフラシと近縁のナメクジの方が学習能力が高く、飼育や繁殖が容易なことから、実験動物としてずっと有用、と断言する。研究室では、実験マウスのようにチャコウラナメクジの世代交代が繰り返され、現在飼育しているのは二〇代目を超える。「ナメクジから学ぶべきことはまだまだたくさんある」と松尾さんは期待を寄せている。

ナメクジの脳の研究では、米ベル研究所のアラン・ゲルペリン博士が、においをとらえた脳に微弱な電気振動が起きることを突き止めていた。これを日本国内で、さらに前進させたのが三洋電機筑波研究所(後にエコ・エネシステム研究所に改称)だ。研究員の関口達彦さんら二人が一九八九年チャコウラナメクジを使った実験を開始した。一年目から、嫌いなにおいをかがせて忌避行動を起こさせたり、脳を冷却して物忘れを起こす現象を使って記憶のメカニズムを調べたりする研究で成果を上げた。三年目からは木村哲也さんら三人の研究員が加わり、五人体制で研究を進め、生物物理学会などで彼らの研究が注目を集めるようになった。触角から前脳葉の表面に伝わる電気振動が、縦一直線でなく、横に平行に並んだ細胞が電気的に振動しながら伝わっていく。上一対の大触角がにおいの方向をとらえ、下一対の小触角がにおいの質をとらえる。小触角は、過去の記憶に基づき、行動を担う腹足神経に前進や後退を命じる。脳に貯めこまれた記憶は、新しい経験をするたびに、刻一刻と形を変える。

この基礎研究が進めば、情報処理の仕方が従来のコンピューターと異なるバイオコンピューター(人工脳)の開発に将来結び付くのではないか。研究室で関口さんから話を聞いた折、胸がわくわくした。ところが、である。直後に、会社は業績不振を理由に研究の縮小を命じ、プロジェクトチームは一〇年で解散することになってしまった。関口さんら研究者は他社の研究所に転職。その後、三洋電機はパナソニックに吸収されてしまった。ナメクジコンピューターの研究再開の知らせは、その後、届いていない。

なお、ナメクジの脳の研究に使われるのは、もっぱらチャコウラで、在来種のフタスジはお呼びでない。なぜか。関口さんによると、フタスジは前脳葉が小さいうえに、振動が微弱で、かつ刺激に対する反応が遅すぎて実験動物に向いていないのだそうだ。

チャコウラの生活史を追跡した女性もいる。3章で紹介した大阪市立大学大学院理学研究科助教だった宇高寛子さんだ。そこでも書いたように、二〇〇四年の秋、大阪市住吉区杉本にある大学の構内で六〇匹を採集し、これを一〇匹ずつ入れた容器を、屋外の日の当らないところに据え付けた棚に置き、観察し続けた。観察の結果分かったのは、彼らの繁殖活動が晩秋から春にかけてで、暑い夏は繁殖活動を休止し夏眠状態になる(図19)。宇高さんはこの研究で理学博士号を取得。二〇一〇年六月には、大阪府立環境農林水産総合研究所の田中寛さんと共著で『ナメクジ　おもしろ生態とかしこい防ぎ方』(農山漁村文化協会)を出版した。二〇一一年秋からカナダのウェスタンオンタリオ大学大学院に留学、ナメクジの研究で得たヒントから「昆虫の低温耐性」を研究している。

戦後、日本に上陸したチャコウラには、実は三種類いる。そんな事実を明らかにしたのは、1章にも登場した東京大学大学院理学系研究科准教授(大気海洋研究所)の狩野泰則さんである。前の職場である宮崎大学助手時代に突き止めた。一つめは背に二本の黒い筋があり、学

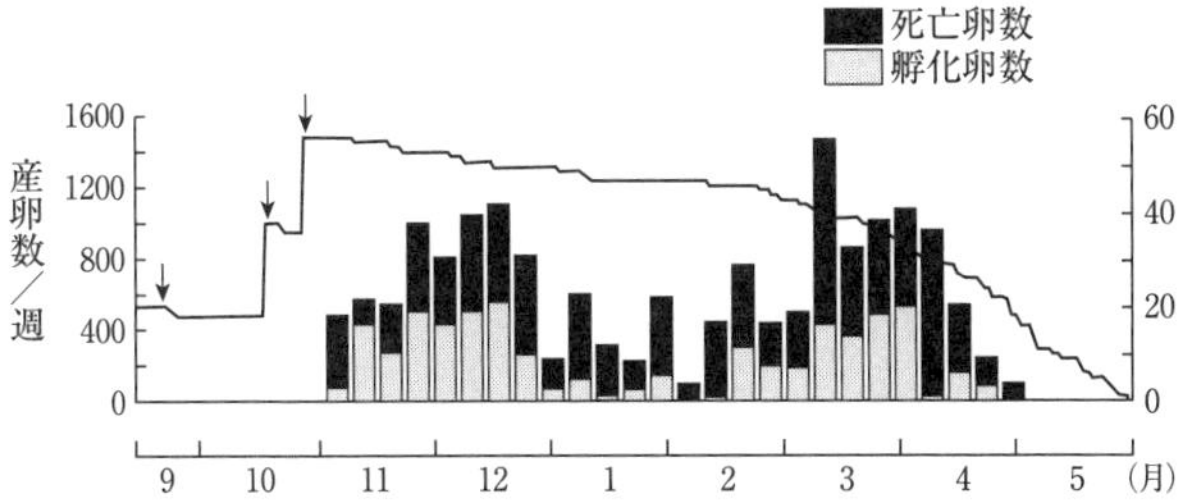

図 19　野外における産卵数と孵化数の季節変化．矢印で示した日に野外で20 個体ずつ採集（作成：宇高寛子）

名はLehmannia valentiana。原産地はヨーロッパのイベリア半島で、太平洋戦争後、日本に上陸し、日本では九州など列島の南部に多くが分布している。二つめは、背に黒くて細かい点が散らばっている。狩野さんはLehmannia sp.Aと仮の学名をつけている。南ヨーロッパ原産とみられるが、現地でも認識されていない新種の可能性がある。三つめは背に模様がなく、肌が明るい茶色でLehmannia sp.Bと呼ぶ。イタリア・シチリア島原産のナメクジと外見がよく似ていることから、現地の研究者と情報交換をしている。二つめ、三つめは北海道から関東にかけての東部に多く分布する。

チャコウラの研究者である宇高さんも狩野さんも、文系からの転身組だ。宇高さんは、子ども時代は昆虫採集が趣味。その思いを断ち難く、神戸学院大学経済学部三年のときに、大阪市立大学理学部に編入した。狩野さんは子ども時代、貝の採集に没頭した。法政大学では地理学科に入学したものの、やはり貝への愛を捨て切れずに東京大学理学部生物学科の修士課程に進んだ経歴がある。

従来のナメクジ分類の再編成に取り組んでいるのは、前章にも登場した東京大学大学院理学系研究科生物科学専攻准教授、上島励さん。ナメクジが属する軟体動物の柄眼目は、カタツムリやナメクジが六〇科もひしめく巨大な分類群だ。世界各地から集めた約四〇科を対象に遺伝子解析をしたところ、これまでの分類法が遺伝子の系統を反映していないことが分かった。研究が進めば、あるナメクジがどのカタツムリから独立したのかがはっきりして、ナメクジの歴史を語りやすくなる。

上島さんは、当初、カタツムリを中心に研究してきた。学生時代、鹿児島県の甑《こしき》島の南西に浮かぶ無人島、宇治群島で肉食のナメクジに出合って以来、気になる存在に。後に解剖ができるようになってから、その魅力に引き込まれたそうだ。最近では琉球列島で固有に進化するヤマナメクジ一〇種以上を発見している。

上島さんをナメクジの師と仰ぐ、ゲッチョ先生こと盛口満さんは、沖縄大学人文学部こども文化学科准教授。ナメクジに興味を持つ女子高生の影響を受けて、ある日、ナメクジ探検隊を組織して沖縄本島や与那国島など南の島々で採集を始める。イボイボなど珍しい種類を見つけては、上島さんのところに送って、アドバイスを仰ぐ。二〇一〇年四月には島でのナメクジ探検の体験談を中心に『ゲッチョ先生のナメクジ探検記』（前出）を出版している。

文学大賞は内藤丈草と中村草田男、清少納言や村上春樹は落選

人間がナメクジとどうかかわり、彼らをどう見てきたか。それを知るには、文学でどう扱われてきたかを眺めると、理解しやすい。ナメクジがどんな作品に登場するか。文学に疎い筆者をバックアップしてくれたのは1章にも紹介した恩師の遠藤誠治先生だ。青梅市立第三中学校時代の担任でもあった先生は、作品中にナメクジを見つけると、そのたびに葉書や手紙で知らせてくれ、こちらの少ない知識を補ってくれた。

古いところからあげてみよう。まずは、すでに何度も取り上げた清少納言の『枕草子』。「いみじうきたなきもの　なめくぢ」。一〇〇〇年ほど前でも、不潔な気持ち悪い生き物として見られていたのであろう。それを汚いものの代表として取り上げたのでは、何の意外性も、面白味もないではないか、というのが率直な感想だ。

江戸時代の前期。芭蕉の弟子の中で十哲にあげられた内藤丈草《じょうそう》（一六六二～一七〇四）は、武士から出家したときの心境を、『丈草発句集《ほっく》』（蝶夢編）の冒頭の漢詩でこう表現している。

多年負屋一蝸牛（長年カタツムリのように殻を背負ってきた）

化倣蛞蝓得自由（ナメクジになり自由を得た）
火宅最惶涎沫尽（現世では生命の源である粘液のようなものが尽きるのを恐れていた）
追尋法雨入林丘（今は仏の恵みを求め山にこもっている）

貧乏な武士の家に生まれた丈草にとって宮仕えは実に苦しいものだったようだ。禅僧になって自由になった心境を、カタツムリの殻を捨てたナメクジにたとえている。ナメクジの本質をうまくとらえた形容ではないか。

なお、江戸時代中期の絵画に目を転じると、京都の青物問屋から画家に転身した伊藤若《じゃく》冲《ちゅう》（一七一六～一八〇〇）は『池辺群虫図』の左下隅にナメクジを描いている。焼き鳥にされる雀が売られているのを見て、すべて買って帰り、家の庭で放したというエピソードの持主だけに、ナメクジに注ぐ視線もあくまでも温かい。円山応挙の高弟で、謎多き生き方をした長沢蘆雪《ろせつ》（一七五四～一七九九）もユーモラスな『なめくじ図』を残している（図20）。足跡を薄墨の一筆がきにした構図はユニークだ。

江戸時代後期の庶民の読み物である草双紙《くさぞうし》合巻《ごうかん》『児雷也《じらいや》豪傑譚』は、ナメクジ、ヘビ、カエルの三すくみの話をモチーフにしている。ガマガエルに化ける妖術使い、児雷也。その妻でナメクジの妖術を使う綱手。二人が宿敵であるヘビの妖術使い大蛇丸《おろちまる》と闘う物語だ。三すくみの話は、中国の道家思想の書『関尹子《かんいんし》』から伝わったようだ。

明治時代になると、島崎藤村（一八七二～一九四三）が『家』で、登場人物の正太に「ええ、まあ川はよく見えます。そのかわり蛞蝓《なめくじ》の多いところで」と語らせている。当時は、川べりの湿気の多い家にはナメクジが多数出没したのであろう。

森鷗外（一八六二～一九二二）は大正五年（一九一六年）、東京日日新聞に連載した『渋江抽斎』で、主人公で弘前藩江戸詰の医師、抽斎の友人である森枳園《きえん》が嫌いなのは、雷と蛞蝓と記した。やはり大正時代、宮沢賢治（一八九六～一九三三）は、童話『蜘蛛《くも》となめくぢと狸《たぬき》』を書いた。三匹の動物が競走の挙句、地獄に行くという寓意に満ちた物語で、三すくみの話を下敷きにしている。

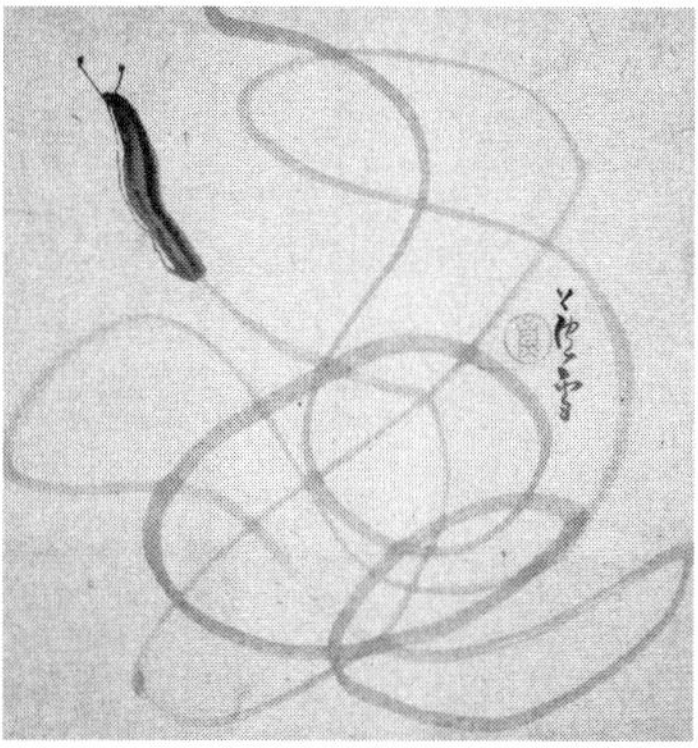

図 20　長沢蘆雪『なめくじ図』

昭和の時代には——。推理小説の大御所、横溝正史（一九〇二～一九八一）が『蝙蝠《こうもり》と蛞蝓』（一九四七年）を書いた。ナメクジそのものが登場するのではなく、蛞蝓女のお繁が殺され、アパートの住人、湯浅順平が無実の罪を着せられる。蝙蝠のような男、金田一耕助が救う、という筋立てだ。都筑道夫（一九二九～

二〇〇三）著の『なめくじに聞いてみろ』（一九六八年、三一書房）もナメクジが出てくるわけではない。殺人の専門家に次々、決闘を挑む主人公の桔梗信治《ききょうしんじ》が難問に直面すると、決まってタイトルのようなセリフを吐くのである。

落語家の古今亭志ん生（一八九〇〜一九七三）は一九五六年、『なめくじ艦隊』（朋文社）という半生記を出した。「なめくじ長屋」の章は、本所《ほんじょ》の業平《なりひら》（現在の東京都墨田区）での生活レポート。「ここはナメクジの巣みたいなところで、いるのいないのってスサマジい。それも小さいかわいらしいやつならまだしも、十センチ以上もある茶色がかった大ナメクジが、あっちからもこっちからも押しよせてくる」（一九九一年、ちくま文庫）。ピシッピシッと鳴く、とも志ん生は綴る。記述から類推すると、出没したのはキイロナメクジだろうか。

現代の日本を代表する作家、村上春樹（一九四九〜）は『ノルウェイの森』（一九八七年、講談社）で、「僕」の学生寮の先輩、永沢さんがナメクジを三匹呑み込んだ体験をリアルに描写している。「こうナメクジがヌラッと喉もとをとおって、ツウッと腹の中に落ちていくのって本当にたまらないぜ、そりゃ。冷たくって、口の中にあと味がのこってさ」。

英国のJ・K・ローリング（一九六五〜）は世界中でヒットした『ハリー・ポッター』の第二作『ハリー・ポッターと秘密の部屋』（二〇〇〇年、静山社）の中で、ハリーの親友ロンがナメクジを吐き出す光景を描く。「ロンは口を開いたが、言葉が出てこない。代わりにとてつもないゲップが一発と、ナメクジが数匹ボタボタと膝《ひざ》にこぼれ落ちた」。

「降る雪や明治は遠くなりにけり」という句で知られる俳人、中村草田男《くさたお》(一九〇一～一九八三)は、ナメクジを題材に二つの句を詠んでいる。「なめくぢり蝸牛花なき椿親し」と「なめくぢのふり向き行かむ意志久し」。前者は、花の時期を終えた、わびしいツバキの幹に、ナメクジがカタツムリとともに平和なユートピアを形成している、という句。後者は、忌避されるこの動物に意志の持続を感じる、という句だ。私の中学の恩師、遠藤先生は『中村草田男における平等観――「なめくぢ」を出発点として』というタイトルの論文で「昔から差別されてきた生き物を草田男は心から慈しむのである」と述べている。

詩でナメクジを表現したのはロックシンガーの忌野清志郎《いまわのきよしろう》(一九五一～二〇〇九)だ。「(前略)なめくじのぼくに／パッパと塩かけやがって！／ぼくは、なめくじとしてなら／偉大になってもさしつかえない。偉大なる……なめくじ／これこそ、わたしの理想／私はこんな人になりたい」(『十年ゴム消し』(一九八七年、六興出版)所収)。

漫画では、手塚治虫(一九二八～一九八九)作『火の鳥№2未来編』(一九七〇年、虫プロ商事)に登場する。三四〇四年、核戦争の結果、人類をはじめ生物が滅亡する。ただ一人残ったマサトは火の鳥の命を受け、三〇億年後に生命を創造する。やがて恐竜を征服するのがナメクジ。進化を重ね直立歩行をするようになるものの、北方系と南方系が戦争を起こし滅亡。やがて人間が出現するが、また争いを起こす。火の鳥はつぶやく。「あのナメクジにしたって高等な生物だったこともあった。ここではどうしてどの生物も間違った方向へ進化してしまうのだろう」。

平成の時代になると、絵本にも登場する。アンモナイトやカタツムリに造詣が深いライターの三輪一雄(一九五九〜)が『ガンバレ‼　まけるな‼　ナメクジくん』(二〇〇四年、偕成社)という絵本を著した。カタツムリに比べ冷たく扱われるナメクジの誕生のいきさつを描いている。

イラストレーターの南伸坊(一九四七〜)は、エッセイ集『笑う茶碗』(二〇〇四年、筑摩書房)に『ナメ太の家出』という愉快な文章を書いている。彼は妻の文子さんとともにナメコロジー研究会発足時からの同志で、当研究会の話題に触れながら、ミョウガに付いたナメクジの逃亡劇を紹介している。

二〇一二年の四月に出た楠木誠一郎(一九六〇〜)著『囮なめくじ長屋』(ベスト時代文庫)は、天才少年の同心が、なめくじが出没する長屋で起きた殺人事件を糸口に、父親が殺された事件も解決に導く時代小説だ。

ナメクジの立場から一連の作品を吟味してみると、「汚い」「気味悪い」「嫌われもの」という通俗的な三K扱いをする表現が目につく。ナメクジの本質をとらえた秀作は、内藤丈草の漢詩と、中村草田男の俳句だ。この世界でナメコロジー大賞を設けるなら、二人に授けたい。清少納言や森鷗外、村上春樹ら人間の世界で高い評価を受ける作家の作品は、選外ということになろうか。

語源はどこから？

日本人が彼らをナメクジと呼ぶようになったのは、なぜなのか？　民俗学者の柳田国男（一八七五～一九六二）がカタツムリの方言について論じた『蝸牛考』（一九三〇年、刀江書院）には「蛞蝓と蝸牛」と題した章がある。「ナメ」については「あの粘液を意味して居たことは想像することが出来る」と記す。地方によって蛆《うじ》をゴウジ、子牛をクウジということから、「クジ」は蛆または子牛から来ているのではないか、とも指摘する。

『日本語源大辞典』（二〇〇五年、小学館）には「ナメ」は「滑」、「クジ」は「鯨」、「野菜や樹木をなめてくじる」という民衆語源から生まれた、という説も紹介されている。

一つの語源に絞り込むのは難しいようだ。あえて挙げるなら「ぬめぬめした鯨」であるナメクジラから来ているのではないかと、私は考えている。

その上、『蝸牛考』によれば、太平洋戦争前の方言の豊かな時代、ナメクジの呼称も地方によって異なっていた。九州では肥前（佐賀県・長崎県）、肥後（熊本県）、筑後（福岡県南部）や壱岐島ではカタツムリも「ナメクジ」と呼び、二つを区別するため、肥前の諫早《いさはや》ではカタツムリのことを「ツウノアルナメクジ」と言っていた。ツウは「ツブラ」つまり「甲羅」もしくは「かさぶた」のことだ。肥後でも熊本市以南では、カタツムリを「ナメクジ」のままにして、ナメクジを「ハダカナメクジ」と言った。中国地方の安芸（広島県西部）の安佐郡（現在は広島市）北部では双方を「ナマイクジリ」、飛騨（岐阜県北部）ではやはり双方を「マメクジリ」または「マメクジラ」。伊豆七島の神津島《こうづ》ではカタツムリが「カイナメラ」で、ナメクジが「ナメランジ」。秋田県の比内地方ではカタツムリが「ナメクジリ」、ナメクジはそのまま「ナメクジ」。青森県の津軽地方などになると双方が「ナメクジリ」と呼ばれていたのである。

薬にしていた地方も

昔から嫌われものだった、と書いたけれど、地方によっては民間療法に用いられることもあった。柳田国男の門下生である鈴木棠三《とうぞう》が後輩の吉川永司、常光徹らと一九八二年に作成した『日本俗信辞典　動・植物編』（角川書店）には、各地に伝わるナメクジの効能が紹介されている。

「声がよくなる」。焼いて食べる（石川県江沼郡（現在の加賀市））、生のまま呑む（秋田、埼玉、愛知、福井、大阪、広島)。

「痔」には、食べる(愛知県南設楽郡《みなみしたら》(現在の新城市《しんしろ》))、生で呑む(石川)、黒焼きを飲む(岡山)、黒焼きをつける(愛知、高知)、ナメクジと黒砂糖を練ってつける(静岡)など。

「淋病」には、生きたまま呑む(石川、富山、岐阜、福岡、熊本)、水と一緒に呑む(石川)、黒焼きを飲む(大分)。

「喘息」には、生のまま呑む(山形、長野、岡山、山口、香川、福岡)、黒焼きを服用する(埼玉、大分、鹿児島)、蒸し焼きにして食べる(石川)、生乾きになるまで陰干しにしたものを煎じて飲む(兵庫)。

「結核」には、生のまま呑む(香川、福岡)、毎日一匹ずつ砂糖をつけて食べる(愛知県南設楽郡)、砂糖につけて呑むか、焼いて醬油をつけて食べる(徳島)。

「胃病」には、丸呑みにする(埼玉)、天日で干したものを煎用する(神奈川)。

「腎臓病」には、乾燥して粉末にし、湯をそそいでお茶代わりに飲む(鹿児島)。

と、まあ重宝がられていたようだ。しかしながら、医学が発達した現在はそんな使われ方は、ほとんどされていないと思われる。ことに生で呑んだりするのは、寄生虫を一緒に体内に取り込む危険があるので避けたい。3章で述べたように、広東住血線虫が寄生するナメクジが一部にいるからだ。

図21　なめくじ祭り(岐阜県加子母)

現在でも、薬に利用している地方もある。島根県津和野町商人《あきんど》地区では二〇〇九年ここに住む全戸二一軒が集団で、この地に伝わるナメクジ油の製法で特許を取得し、医薬品会社などへの特許権の譲渡販売を目指している。ナメクジを食用油に何年か漬けておくと、虫さされなどに効能があるというのだ。二〇一二年の八月、七八歳になる田中瑞穂《みずほ》さん宅を訪ねたところ、自宅周辺で捕獲したヤマナメクジを、ナタネ油の入ったガラス容器に漬ける製法を伝授してくれた。

なめくじ祭りの起源

毎年、旧暦の七月九日に、「なめくじ祭り」が岐阜の山村で開かれる(図21)。中津川市加子母の北端、わずか一四四戸の集落、小郷《おご》区が大杉地蔵尊で催す祭には、二〇一二年八月二六日の夜は四〇〇〇人が訪れた。この日、主人公のナメクジは一〇匹姿を見せ、一枚二五〇円の三角クジ「なめくじ」二四〇〇枚が完売となった。

地蔵尊のわきにある鎌倉時代の僧、文覚《もんがく》上人の墓には、仏教の九万九千日にあたるこの日、昔からナメクジが出現し、住民が参拝する習慣があった。帝を守る北面の武士だった上人は若いころ、人妻であった袈裟《けさ》御前に横恋慕して、誤って殺害。罪を悔いて出家する。今は、罪を許した袈裟御前がナメクジに化身して、上人を慕って墓を這う。

ロマンチックな伝説を、村おこしの祭にしようと、当時の区長だった丹羽照夫さんらが動いたのが一九八六年五月。紙をなめると字が浮かび上がる「なめクジ」のダジャレ企画も採用して、その年の八月からスタートしたのだった。第一回は周辺の人が一〇〇人しか集まらず、クジも八〇枚しか売れなかった。三回目からは三角クジに切り替え、年を経るごとに参加者が増え、今では奇祭として広く知られるようになった。

米国でも各地でナメクジ祭(Slug Festival)が開かれている。北西部のワシントン州のノースウエスト・トレック・ワイルドライフ・パークでは、六月末の土日の二日間に開催している。この祭は親子連れを対象にした自然教育教室だ。二〇〇五年六月二五、二六の両日に開いた会場でバナナナメクジのコスチュームに身を包んだ教育スペシャリストのコリー・カールトンさんは祭の狙いを話す。「ナメクジを通して自然への関心を深めてもらおうと、いろ

図22　ナメクジレース(米国ワシントン州のナメクジ祭)

んなプログラムを準備しています」。

圧巻は「人間によるナメクジレース」。ビニールシートに洗剤をまき、ぬめぬめした上を子どもたちがナメクジのコスチュームと水中メガネを着けて、腹ばいになって競走する(図22)。年齢別に四人前後で一斉にスタートする。レース前に全員で、アメリカ国歌の曲にのせて歌う「ナメクジ賛歌」がコミカルだ。

Oh, oh slugs are gooey.(オーオー　ナメクジはネバネバ)
They come out oozing when it rains.(雨が降るとにじみ出てくる)
Slugs leave slimy trails so neat.(ナメクジは素敵な粘り気のある道を残す)
Because they don’t have any feet.(だって彼らは足がないから)

これが一番で、延々と四番まで続く。

他に親子を夢中にさせる宝探しゲーム「ナメクジハント」など企画は盛りだくさん。このお祭りが始まったのは一九八九年で、最近の参加者は一五〇〇〜二〇〇〇人。この公園の催しの中では、ハロウィンに次ぐ人気企画だそうだ。

東海岸のヴァージニア州の州都、リッチモンドにある自然公園でも、一九八五年以来、六月の第一日曜にナメクジ祭が開かれている。こちらも参加者は親子連れ。二〇〇九年六月七日のメーンイベントは、ゴールのリンゴ目指してナメクジが競走する「ナメクジレース」。前座として「最重量ナメクジ」「最軽量ナメクジ」「美人ナメクジ」「ぬめり気ナンバーワン」それぞれの優勝者を決めるコンテストも催された。

西海岸のカリフォルニア州レッドウッズでも、同じような趣旨のバナナナメクジ祭が八月末に開催されている。オレゴン州のユージーンでは、九月になると「ナメクジ女王(Slug Queen)」を選ぶコンテストが開かれている。

日本のなめくじ祭りが村おこしにナメクジを利用しているのに対し、米国のナメクジ祭は主に自然教育の教材として活用している。そこに日米のナメクジ文化の差異が見いだせる。加子母のなめくじ祭りと、米国のナメクジ祭とが交流したら、さらに面白い催しに発展しそうだ。

6 ナメクジに学ぶ

これまでにも述べてきたように、見た目のイメージから、ついつい遠ざけてしまいがちな動物の代表ともいえるのがナメクジだ。しかし、一歩近づきじっくり観察してみると、なかなか示唆に富んだ動物なのである。より速く、より快適で便利な生活を追い求めてきた人間の生活が様々な分野で支障をきたしている。そんな現実を目の当たりにすると、弱くて目立たない存在でありながら地球上で粛々と生き延びてきたこの動物からは、謙虚に学ぶべき点がある。

エネルギー節約型の暮らし方

「より」とか「もっと」とか。欲望を表す人間の意志が進歩をもたらし、人々の幸せな生活を築く。私たちはずっとそんな幻想を抱き続けてきた。だが、二〇世紀、地球のあちこちに押し寄せた工業化の波は、あらゆる資源を喰い尽くしてきた。工場や家庭、車などにエネルギーを供給してきた石炭や石油、ウランなどの埋蔵資源は、早晩、枯渇しそうだ。

東京電力福島第一原子力発電所の事故をきっかけに、電力の基本部分を支える原子力を見直す機運が強まっている。私たちが見直すべきは、原子力を基本に据えたエネルギー政策だけではない。もっと根本のところで、エネルギー多消費型のライフスタイルを変更しない限りは、生命の源泉である地球を破滅に導きかねない。

二〇世紀以降、人間の活動の急激な膨張は、自然環境の破壊や、多くの動植物の絶滅を引き起こしている。害を加える側は、被害者の痛みになかなか気づかない。その上、「より」「もっと」を次々実現して来た人間の欲望は、大きくなり過ぎて、自ら制御しにくくなっているのだ。

今の時代、大切なのは「足るを知る」ライフスタイルへの転換ではないのか。古代中国の思想家、老子が説いた「知足者富（足るを知る者は富む）」は、時代を超越した警句だ。より速く、より快適で便利なものを限りなく求めるのは、そろそろやめにしよう。自然と歩調を合わせて「より」「もっと」を求めず、あるがままの自分を受け容れ、のんびりしたリズムで心の充足した生き方をしよう、とすすめているのであろう。

お手本は身近にいる。人間とほぼ同じ脈拍数のナメクジだ。彼らのゆったりしたエネルギー節約型のライフスタイルには、地球や動植物を救うヒントが潜んでいる。

奪い合いから分かち合いへ

昼間、庭やベランダの植木鉢をひっくり返す。ナメクジが何匹かで体を互いに寄せ合うようにしている光景を目撃できる。大敵である乾燥を避けるために、日陰のじめじめした所で「湿り気の分かち合い」をしているのだ。恐らく、大昔から彼らは、日差しの強い昼間は、そうやって集団で助け合ってきたのであろう。

翻って我ら人間はどうか。狩猟採集を生業としていたころは、集団で助け合いながら暮らしていたのだろう。産業革命以降であろうか。「奪い合い」が人々の行動の基本原理になったのは。経済学者の神野直彦は『「分かち合い」の経済学』(二〇一〇年、岩波新書)で、日本社会では「分かち合う」べき幸福を「奪い合う」ものだとされている、と指摘している。現代の危機を乗り越え、人間の歴史的責任を果たす鍵は「分かち合い」にある、とも述べているのである。

民族や宗教、国家、企業などの利益集団が他を打ち負かそうと、熾烈にたたかう。自然界の鉱物や植物、動物からも一方的に収奪しようとする。強者の利己的な行動が行き過ぎると、地球の生態系はバランスを崩し、回りまわって人間自らの首を絞めることになる。

ナメクジが身を以って示す「分かち合い」あるいは「共生」の持つ重要性に気づきたい。

殻をぬぐ

生身の自分をさらけ出すのを避け、見せかけの殻で全身を覆うカタツムリのような人間が増えているような気がする。

文化人類学者の上田紀行《のりゆき》が書いた『覚醒のネットワーク』（一九九七年、講談社＋α文庫）を読んでいたら、こんな表現に目が止まった。「私たちが卵を見るとき、そこに見えているのは硬い殻です。けれども、卵とはその硬い殻のことではありません。それはその殻の内側にある生命力です。そこから生まれでてこようとする力です。そして、その生命力は他の卵ともつながり、すべての生きとし生けるものともつながっています」。

ところが、人間は自分や他人を見るとき、外側にかぶった殻がその人そのものだと考えてしまいがちだ。例えば他人を評価しようとするとき、容姿や学歴、肩書など外側の情報で判断しがちだ。自分を評価するときも、外側の情報が他人とどう違うか、その違いだけが自分自身であるかのように受け取る傾向がある。

だからなのであろう。同期入社の同僚が自分より早く昇進すると「何であいつが」と焦る。お隣が立派な家を新築すると、自分の家がみすぼらしく見え、妬ましく思う。人との違いばかりに目を奪われていると、人が皆敵に見えてくる。自分の身に何か問題が起きたときには、人のせいにしたくなる。これでは人と人との命のつながりが地球上からどんどん失われてしまう。

人間がかぶる殻は厚くなる一方だ。このあたりで、潔く殻を捨て去ったナメクジに倣って、殻の存在に気づく。殻を徐々に脱ぎ去り、カタツムリ型ではなく、ナメクジ型の人間を目指したい。そう恐れることはない。その昔、殻をぬいだナメクジは、生命体をさらけ出しながら、ゆったり我が道を歩み、地球のあちこちで自在に生きているではないか。

そんな風に考えてきて、私は確信した。二一世紀は、ナメクジに人間が学ぶ時代である。

あとがき

ナメクジという妙な動物と付き合っていると、妙なところから声がかかることがある。二〇〇六年には、リクルート出身の藤原和博さんが校長をしていた東京都杉並区立和田中学校から理科の授業に招かれた。中学二年生がナメクジの観察結果をそれぞれA４判一枚の新聞にまとめたので、講評しながらナメクジについて話して欲しい、と担当教諭の青木久美子さんから依頼されたのだ。ナメクジ新聞には、どれもユーモラスなスケッチが描かれ、生活の場所や体の特徴、ほかの生物との比較が書き込まれていた。新聞のタイトルからして「ジクナメ新聞」「くねくね新聞」などと工夫の跡が見られ、笑いがこみあげてくるものばかりだった。授業では、なぜ彼らが生き残れたのか、生徒に考えてもらった。「恐竜の死骸を食べて危機を乗り越えてきた」といった珍説も飛び出し、実に刺激的だった。

二〇〇九年には、なめくじ祭りを主催する岐阜県の旧加子母村（現中津川市）小郷区で「ナメクジの謎」について、二〇一一年には、横浜市内の詩季の会という勉強会で「ナメクジ学への招待」と題して話した。実生活に何の役にも立たない私の話に、双方とも熱心に耳を傾けてくれるばかりでなく、質問も活発この上ない。加子母では、その日泊った民宿に翌朝、訪ねてきてナメクジ談義を深めていく人もいた。世の中には、妙な集まりもあるものだ、と講演後、思ったものだった。

妙といえば、ナメクジの目撃情報を送ってくれる人たちにも実に妙な人が多かった。2章でも紹介したように、自動車会社に勤務するN・Yさんは、行く先々でナメクジを捕獲してはペットボトルに詰め、私の勤務していた新聞社の受付や自宅に直接届けてくれた。会社の幹部研修をしているホテルの植え込みでも捕まえたりしていたので、ナメクジが出世の妨げにならなければいいが、とこちらが心配することもあったほどだ。

そうした妙な人たちに共通している点は二つ。

①好奇心が旺盛である。

②生き物に対するまなざしがやさしい。

外国から目撃情報を送ってくれる人たちにも同じことが言える。たびたびアドバイスを仰いだ研究者たちも同様だった。マイナーなナメクジをテーマにした本の執筆をすすめてくれた岩波書店の塩田春香さんや、塩田さんの異動後、学術書からエッセー本への切り替えを提案してくれた同編集部の吉田宇一さんも妙な編集者だ。

そんな妙な人たちのお陰で妙なネットワークが広がり、私の人生は途中から随分、うきうきしたものになった。この場を借りてお礼の気持ちをお伝えしたい。

家族にも感謝したい。新聞社の退職直前、夕刊連載「住んでみる」を担当し、日本の最西端にある与那国島や、元気な山村である岐阜県の加子母、津波にのまれた岩手県陸前高田市両替集落にそれぞれ一ヶ月余り滞在した折には、その間、書斎のナメクジたちの餌であるキャベツを取り換えてくれた妻や義母の協力は、とてもありがたかった。私の嫌いなマニキュアを爪に塗って、ナメクジ研究のきっかけを作ってくれた二人の娘にも敬意をはらいたい。ナメクジ研究を始めたころに飼い始めた愛犬「のの」の貢献は特に大きかった。犬の散歩中は、よその家の塀や路上で堂々とナメクジを捕まえられた。草むらに入り込み、体にナメクジをつけて来てくれることも何度かあった。そう、ことにナメクジには深謝しなければならない。野外でのびのび暮しているところを捕まえて窮屈なポリエチレン製パックに閉じ込め、束縛してきたことには、申し訳なく思っている。

この本は、今まで私が書いた本の中でページ数が最も少ない。けれども最も多くの人や動物の協力に支えられた本でもある。皆さまのご助力に再度、心より御礼申し上げます。

二〇一二年八月

足立則夫

参考文献

二〇一一年一〇月二九日付日本経済新聞夕刊コラム『遠みち近みち』
清少納言著、池田亀鑑校訂『枕草子』(一九六二年、岩波文庫)
一九九八年六月一六日付日本経済新聞コラム『鐘』
内田亨著『増補動物系統分類の基礎』(一九九七年、北隆館)
日本貝類学会編『ヴヰナス』一七(二)(一九五二年)
日本貝類学会研究連絡誌『ちりぼたん』Vol. 36(二〇〇五年第一号)
鳥居正博訓注『鳥居甲斐晩年日録』(一九八三年、桜楓社)
盛口満著『ゲッチョ先生のナメクジ探検記』(二〇一〇年、木魂社)
黒住耐二著『チャコウラナメクジ~ナメクジ類の置き替わり』(日本生態学会編『外来種ハンドブック』(二〇〇二年、地人書館)所収)
イ・エム・リハレフ、ア・イ・ヴィクトール著『ソ連邦の動物相貝類第三巻第五分冊ソ連邦および隣接諸国のナメクジのファウナ』(一九八〇年、ソヴィエト科学アカデミー動物研究所)
デイヴィッド・G・ゴードン著『FIELD GUIDE to the SLUG(ナメクジの野外ガイド)』(一九九四年、SASQUATCH BOOKS)
クヌート・シュミット=ニールセン著、沼田英治、中嶋康裕監訳『動物生理学 環境への適応』(二〇

〇七年、東京大学出版会）
本川達雄著『時間　生物の視点とヒトの生き方』（一九九六年、NHKライブラリー）
日経サイエンス編『養老孟司　ガクモンの壁』（二〇〇三年、日経ビジネス人文庫）
ジェームス・F・ルール総編集、瀬戸口烈司日本語版総監修『地球大図鑑』（二〇〇五年、ネコ・パブリッシング）
吉村仁著『強い者は生き残れない――環境から考える新しい進化論』（二〇〇九年、新潮選書）
木村哲也著『ナメクジの脳でみる記憶と再認』（『日経サイエンス』一九九四年七月号）所収
関口達彦著『ナメクジにみる記憶の中の自己組織化』（都甲潔・松本元編著『自己組織化――生物にみる複雑多様性と情報処理』（一九九六年、朝倉書店）所収）
宇高寛子・沼田英治著『チャコウラナメクジの生活史』（『農薬時代』二〇一〇年第一八九号）所収
宇高寛子・田中寛著『ナメクジ――おもしろ生態とかしこい防ぎ方』（二〇一〇年、農山漁村文化協会）
柴田宵曲著『俳諧随筆　蕉門の人々』（一九八六年、岩波文庫）
東京国立博物館、宮内庁、NHK、NHKプロモーション編『御即位二十年記念特別展　皇室の名宝――日本美の華』（二〇〇九年）
辻惟雄著『奇想の系譜　又兵衛―国芳』（二〇〇四年、ちくま学芸文庫）
府中市美術館編『三都画家くらべ　京、大坂をみて江戸を知る』（二〇一二年、府中市美術館）
島崎藤村著『家（下）』（一九五五年、新潮文庫）
森鷗外著『渋江抽斎』（一九八八年、中公文庫）

宮沢賢治著『蜘蛛となめくぢと狸』(『宮沢賢治全集5』(一九八六年、ちくま文庫)所収)
横溝正史著『蝙蝠と蛞蝓』(『人面瘡』(一九九六年、角川文庫)所収)
都筑道夫著『なめくじに聞いてみろ』(一九七九年、講談社文庫)
古今亭志ん生著『なめくじ艦隊』(一九九一年、ちくま文庫)
村上春樹著『ノルウェイの森(上)』(一九八七年、講談社)
J・K・ローリング著、松岡佑子訳『ハリー・ポッターと秘密の部屋』(二〇〇〇年、静山社)
忌野清志郎著『十年ゴム消し』(二〇〇〇年、河出文庫)
手塚治虫作『火の鳥№2未来編』(一九九二年、角川文庫)
三輪一雄作・絵『ガンバレ!!　まけるな!!　ナメクジくん』(二〇〇四年、偕成社)
南伸坊著『笑う茶碗』(二〇〇四年、筑摩書房)
楠木誠一郎著『囮《おとり》なめくじ長屋』(二〇一二年、ベスト時代文庫)
柳田国男著『蝸牛考』(一九三〇年、刀江書院)
前田富祺監修『日本語源大辞典』(二〇〇五年、小学館)
鈴木棠三著『日本俗信辞典 動・植物編』(一九八二年、角川書店)
二〇〇九年六月一〇日付バンクーバー経済新聞
二〇〇八年九月二二日付ウォールストリートジャーナル
神野直彦著『「分かち合い」の経済学』(二〇一〇年、岩波新書)
上田紀行著『覚醒のネットワーク――こころを深層から癒す』(一九九七年、講談社＋α文庫)
二〇一〇年一月一七日付日本経済新聞朝刊コラム『遠みち近みち』

足立則夫

1947年東京都青梅市生まれ．1971年早稲田大学政治経済学部卒業．日本経済新聞社に入社，社会部，流通経済部，婦人家庭部の記者，日経ウーマン編集長，生活家庭部長，ウィークエンド編集部編集委員などを経て，2006年生活情報部特別編集委員．2011年10月末，日本経済新聞社を退職．現在はフリーのジャーナリストとして雑誌のコラムを執筆しながら，週に1度，川村学園女子大学の非常勤講師として教壇に立つ．
著書に『遅咲きのひと』(日本経済新聞社)，『やっと中年になったから、』(日経ビジネス人文庫)，共著に『絆の風土記』(日本経済新聞出版社)，『ルポ日本の縮図に住んでみる』(同)，『日記をのぞく』(同)，『女のものさし男の定規』(日経ビジネス人文庫)などがある．

岩波 科学ライブラリー 198
ナメクジの言い分

2012年10月4日 第1刷発行
2015年10月5日 第4刷発行

著 者 足立則夫《あだちのりお》

発行者 岡本 厚

発行所 株式会社 岩波書店
〒101-8002 東京都千代田区一ツ橋 2-5-5
電話案内 03-5210-4000
http://www.iwanami.co.jp/

印刷・理想社 カバー・半七印刷 製本・中永製本

ISBN 978-4-00-029598-7 Printed in Japan

●岩波科学ライブラリー〈既刊書〉

206 杉本正信、橋爪 壮
ワクチン新時代
バイオテロ・がん・アルツハイマー
本体一二〇〇円

地上から撲滅された天然痘が生物兵器として復活。対策の切り札は、日本で開発されながら日の目をみなかった、世界初の細胞培養によるワクチンだ。がん・アルツハイマーの治療にも期待が大きいワクチンの最前線を紹介。

208 井ノ口馨
記憶をコントロールする
分子脳科学の挑戦
本体一二〇〇円

DNAに連なる分子の言葉で語れるようになった記憶の機能。記憶を消したり想起させたり自由に操作できる日も夢ではない。そもそも記憶は脳のどこにどのように蓄えられるか、なぜ記憶に短期と長期があるのかなど語る。

209 金井良太
脳に刻まれたモラルの起源
人はなぜ善を求めるのか
本体一二〇〇円

モラルは人類が進化的に獲得したものだ。最新の脳科学や進化心理学の研究によれば、生存に必須な主観的で情動的な認知能力に由来するという。それが示唆する脳自身が幸せを感じる社会とはどんな社会なのか。どう実現されるのか。

210 笠井献一
科学者の卵たちに贈る言葉
江上不二夫が伝えたかったこと
本体一二〇〇円

戦後日本の生命科学を牽引した江上不二夫は、独創的なアイデアで周囲を驚嘆させただけでなく、弟子を鼓舞する名人でもあった。生命に対する謙虚さに発したその言葉は、大発見を成し遂げた古今の科学者の姿勢にも通じる。

211 市川伸一
勉強法の科学
心理学から学習を探る
本体一二〇〇円

どうしたら上手く覚えられるか？ やる気を出すにはどうする？——だれもが望む効率のよい「勉強のしかた」を教育心理学者が手ほどき。コツがつかめて勉強が楽しくなる。『心理学から学習をみなおす』待望の改訂版。

212
鈴木康弘
原発と活断層
「想定外」は許されない
本体一二〇〇円

原発周辺の活断層はなぜ見過ごされてきたのか。今後はどうやって活断層の危険性を評価すべきか。原発建設における審査体制の不備を厳しく指摘してきた著者が、原子力規制委員会での議論を紹介し、問題点を検証する。

213
三上　修
スズメ　つかず・はなれず・二千年
〈生きもの〉
カラー版　本体一五〇〇円

「ザ・普通の鳥」スズメ。しかしその生態には謎がいっぱい。人がいないと生きていけない？　数百キロも移動？　あれでけっこう意地悪⁉　減りゆく小さな隣人を愛おしみながら、その意外な素顔を綴る。とりのなん子氏のイラストつき！

214
平田　聡
仲間とかかわる心の進化
チンパンジーの社会的知性
本体一二〇〇円

仲間と協力する。仲間をあざむく。心の病を患う可能性すらあるチンパンジー。その社会的知性は進化の産物であり、本能に支えられてはいるけれども、年長者や他の子どもとのつきあいの中で経験と学習をしなければ育たない。

215
田中敏明
転倒を防ぐバランストレーニングの科学
本体一二〇〇円

元気な明日のために、ヒトの体のことを知って効果的にトレーニング！　高齢者の転倒予防には、筋力や柔軟性に加えてバランス能力も重要だ。運動学理論に基づいた、独自の方法をわかりやすいイラストでレクチャーする。

216
牧野淳一郎
原発事故と科学的方法
本体一二〇〇円

原発事故の巨大さは嘘をまねく。放射性物質や原発事故のリスクが一人一人の生活に上乗せされる時代に、信じるのではなく、嘘を見抜いて自ら考えていくための方法とは。原発再稼働と健康被害推定をめぐる実践的な思考の書。

定価は表示価格に消費税が加算されます。二〇一五年九月現在

●岩波科学ライブラリー〈既刊書〉

217 岡田 匡
糖尿病とウジ虫治療
マゴットセラピーとは何か
本体一二〇〇円

糖尿病などで足の潰瘍・壊疽をひき起こし、下肢切断を余儀なくされる人が少なくない。ところが切断せず画期的に潰瘍を治癒する方法がある。なんとハエのウジ虫を使う。それはどんな治療なのか。驚きの治療のしくみを解説。

218 塚﨑朝子
iPS細胞はいつ患者に届くのか
再生医療のフロンティア
本体一二〇〇円

「iPS細胞を治療へ」との期待は膨らむばかり。しかし今、その夢の実現にはどこまで迫れているのか。iPS細胞の臨床研究で世界をリードする網膜や神経をはじめ、心臓や脳そして毛髪まで、再生医療研究の最前線をリポート。

219 足立恒雄
数の発明
本体一二〇〇円

パスカルが「0から4を引けば0」と述べた頃、インドでは負数に負数を掛けると正数となるのは羊飼いでも知っていた。数の捉え方は様々で、数学の定義も単一でない。数概念の発展から数学とは何かという問いへの答えに迫る。

220 松下 貢 編
キリンの斑《まだら》論争と寺田寅彦
本体一二〇〇円

キリンの斑模様は何かの割れ目と考えられるのではないか。そんな物理学者の論説に、危険な発想と生物学者が反論したことから始まった有名な論争の今日的な意味を問う。論争を主導した寺田の科学者としての先駆性が浮かぶ。

221 齋藤亜矢
ヒトはなぜ絵を描くのか
芸術認知科学への招待
本体一三〇〇円

円と円の組合せで顔を描くヒトの子どもvsそれができないチンパンジー。DNAの違いわずか1・2%の両者の比較から面白い発見が！ ヒトとは何か？ 想像と創造をキーワードに芸術と科学から迫る。 ［資料図満載、カラー口絵1丁］

222
瀬山士郎
数学　想像力の科学
本体一二〇〇円

1、2、3、…という数が実在するわけではない。ある具象物に対して、数というラベルを付けることで、全体の量や相互の関係を類推し、未知なるものの形や性質を議論できる。そうして数学のリアリティが生まれてくる。

223
鳥越規央・データスタジアム野球事業部
勝てる野球の統計学
セイバーメトリクス
本体一二〇〇円

「送りバントは有効でない」など従来の野球観を覆すセイバーメトリクス。メジャーリーグでチーム強化に必須となったこの考え方を、日本プロ野球の最新データを使って解説する。各チームの戦力分析にぜひ備えておきたい一冊。

224
小豆川勝見
みんなの放射線測定入門
本体一二〇〇円

理系の大学院生でも大半がよく知らない放射線の測定法。機器があっても誰でも正確に測れるわけではない。なぜ放射線測定は難しいのか。また除染をすればそれで終わりなのか。今後のことも含め徹底的にかみくだいて説明します。

225
岩波書店編集部 編
広辞苑を3倍楽しむ
カラー版　本体一五〇〇円

コンペイトー、錯視、ピタゴラスの数、靫蔓、猩猩、レプトセファルス、野口啄木鳥……。『広辞苑』の多種多様な項目から「話のタネ」を選んだ、各界で活躍する著者たちの科学にまつわるエッセイを、美しい写真とともに紹介。

226
大槻　久
協力と罰の生物学
本体一二〇〇円

排水溝のヌメリから花と昆虫、そしてヒトの助け合いまで。容赦ない生存競争の中、生きものたちはなぜ自己犠牲的になれるのか。「協力」の謎に挑んだ研究者たちの軌跡と、協力の裏にひそむ、ちょっと怖い「罰」の世界を生き生きと描く。

定価は表示価格に消費税が加算されます。二〇一五年九月現在

●岩波科学ライブラリー〈既刊書〉

227 有賀克彦
材料革命ナノアーキテクトニクス
本体一二〇〇円

原子・分子レベルで出現する性質を利用して、ナノ構造どうしが連携しあって機能する新材料を構築するのがナノアーキテクトニクス。原子スイッチから貼る制癌剤まで、ナノテクノロジーの次にくる近未来の科学技術を見通す。

228 神崎亮平
サイボーグ昆虫、フェロモンを追う
本体一二〇〇円

米粒ほどの小さな脳でありながら、優れたセンサと巧みな行動戦略で、工学者に解けなかった難題をこなす。そんな昆虫脳のはたらきが、ひとつひとつのニューロンをコンピュータ上に再現することで明らかになってきた。

229 市川光太郎
ジュゴンの上手なつかまえ方
海の歌姫を追いかけて
本体一三〇〇円

その姿からは想像できない美しい「歌声」に魅せられ、野生のジュゴンを追いかけて世界の海へ。録音、分析、観察、飛び乗って……つかまえる？ 科学と冒険が、誰も知らなかったジュゴンの謎を明らかにする！ 〔カラー口絵2丁〕

230 倉持 浩
パンダ ネコをかぶった珍獣
〈生きもの〉
カラー版 本体一五〇〇円

かぶりもの？ いいえ、生きものです！ シロとクロの理由、妙に丸い顔、タケで生きている不思議……パンダの謎は奥深い。飼育係としてパンダを見続けてきた著者が、生きものとしてのパンダの全貌をストレートに語る。

231 吉崎悟朗
サバからマグロが産まれる!?
本体一二〇〇円

クロマグロの生息数が激減するなか、サバを代理の親にして増やそうという驚きの研究がある。クニマスなど絶滅危惧種の保全への応用も実現し、国内外から注目されている。魚をこよなく愛する研究者たちのあくなき挑戦を紹介する。

232
斎藤　憲
アルキメデス『方法』の謎を解く
本体一三〇〇円

長く幻とされたアルキメデスの最高の書『方法』の写本が20世紀末に再発見され、二千年の時を経て解読が進んだ。『方法』の中身や謎の死の真相など、アルキメデスに関する決定版。『よみがえる天才アルキメデス』の全面改訂。

233
太田英伸
おなかの赤ちゃんは光を感じるか
生物時計とメラノプシン
本体一三〇〇円

胎児は「脳」で光を感じて〈生物時計〉を動かしている。近年発見された明暗情報を脳に伝える光受容体メラノプシンと睡眠・成長の関係を明らかにした著者らは、早産児の発達を促す「調光保育器」を開発した。［カラー口絵1丁］

234
佐々木正人
新版　アフォーダンス
本体一三〇〇円

眼だけで見ているのではなく、耳だけで聞いているのでもない……？　人工知能からアートまで、多分野で注目を集めるアフォーダンス理論の本質をわかりやすく解説。ロングセラーに20年ぶりの大改訂を加えた決定版！

235
山内一也
エボラ出血熱とエマージングウイルス
本体一二〇〇円

過去に例を見ない大流行となったエボラ出血熱。ウイルスハンターや医師たちの苦闘の歴史を振り返りつつ、なぜ致死率90％と高いのか、治療や予防法はあるか、日本は大丈夫か、などエボラ出血熱の現在を紹介する。

236
牧野淳一郎
被曝評価と科学的方法
本体一三〇〇円

原発事故後、発表されるデータの解釈が被害を過小に見せる方向にゆがんできた。公式発表を鵜呑みにするのではなく、自ら計算する科学的方法を読者に示し、適切な被曝被害評価がどのようなものになるのか明らかにする。

定価は表示価格に消費税が加算されます。二〇一五年九月現在

●岩波科学ライブラリー〈既刊書〉

237 藤田祐樹
ハトはなぜ首を振って歩くのか
本体一二〇〇円

いったい、あの動きは何なのか。なぜ一歩に一回で、なぜ、カモは振らないのか……？　古くて新しいこの謎に本気で迫る、世界初の首振り本。同じ二足歩行の恐竜やヒトまで登場させて、生きものたちの動きの妙を心ゆくまで味わう。

238 廣瀬 敬
できたての地球
生命誕生の条件
本体一二〇〇円

地球の水はどこから来たのか。水も炭素もなかった生まれてまもない地球に、有機生命体が誕生し進化したのはなぜか。かたや現在の地球内部には海の何十倍もの水が隠れている？　こうした疑問に答える「初期地球」の研究が熱い！

239 study2007
見捨てられた初期被曝
本体一三〇〇円

原発事故後、被曝防護体制は機能せず、なし崩しに基準値は変えられていた。身体除染は十分になされず、健康の問題は「心の問題」にすり替えられた。事故の受容を迫る再稼働の前に、私たちが知っておくべき現実と教訓とは。

240 中嶋康裕
うれし、たのし、ウミウシ。
本体一三〇〇円

華麗な色や形態からダイバーたちに大人気の海洋生物ウミウシ。しかし美しさの陰でとんでもないコトをやっていた！　ウミウシをはじめ、奇想天外なあの手この手を駆使して生きる海の生き物たちのふしぎに迫るエッセイ。

241 辻本悟史
大人の直観vs子どもの論理
本体一二〇〇円

直観に頼ると失敗する？　ヒトは成長すれば論理的になっていく？　実は、子どもの脳は想像以上に論理的で、大人の脳は意外なほど直観的。それが「うまくやっていく」秘訣であることを、脳の機能と発達の仕組みから解明する。

定価は表示価格に消費税が加算されます。二〇一五年九月現在